THE  TIMES

KILLER

Book

Su Doku 18

THE TIMES

KILLER

Su Doku

Book 18

200 challenging puzzles from The Times

Published in 2022 by Times Books

HarperCollins Publishers
Westerhill Road, Bishopbriggs, Glasgow G64 2QT

HarperCollins Publishers
Macken House, 39/40 Mayor Street Upper, Dublin 1, D01 C9W8, Ireland

www.harpercollins.co.uk

10 9 8 7 6 5 4 3

© HarperCollins Publishers 2022

All individual puzzles copyright Puzzler Media - www.puzzler.com

The Times® is a registered trademark of Times Newspapers Limited

ISBN 9780008472764

Layout by Puzzler Media

Printed and bound in the UK using 100% Renewable Electricity at CPI Group (UK) Ltd

If you would like to comment on any aspect of this book, please contact us at the above
address or online.
E-mail: puzzles@harpercollins.co.uk

Contents

Introduction   vii

Puzzles
Moderate   1–25
Tricky   26–50
Tough   51–100
Deadly   101–200

Cage Reference and Solutions

Introduction

How to Tackle Killer Su Doku

Welcome to the latest edition of *The Times Killer Su Doku*. Killers are my personal favourites, and this book enables you to work your way through the different levels, right up to Deadly.

The techniques described here are sufficient to solve all the puzzles. As you work through this book, each new level and each new puzzle presents some new challenges, and if you think about how to refine your techniques to overcome these challenges in the most efficient way, you will find that not only are you solving every puzzle, but also your times are steadily improving. Above all, practice makes perfect in Su Doku. In particular, with Killers, you will have to revive and practise your mental arithmetic skills.

It is also important to note that the puzzles in this book all use the rule that digits cannot be repeated within a cage. Some puzzle designers allow repeated digits, and you need to be aware of this variation in Killers, but the *Times* puzzles do not.

Cage Integration

Cage integration must always be the first stage in solving any Killer Su Doku. It is essential to get the puzzle started, and the more that is solved at this stage, the easier the remainder becomes. It will not be possible to solve the harder puzzles without doing a very thorough job of this part.

The basic concept is that the sum of all the digits in a row, column or 3x3 region is 45; therefore if, as in the top right region of Fig. 1, all but one of the cells are in cages that add up to 39, the remaining cell (G3) must be 6. In the top middle region, all but one of the cells are in cages totalling 43, so D3 is 2. Likewise, if the cages overflow the region with one cell outside, which is the case in the top right region if the cage with sum 8 is included, then as the three cages add up to 47, the cell that sticks out (G4) must be 2.

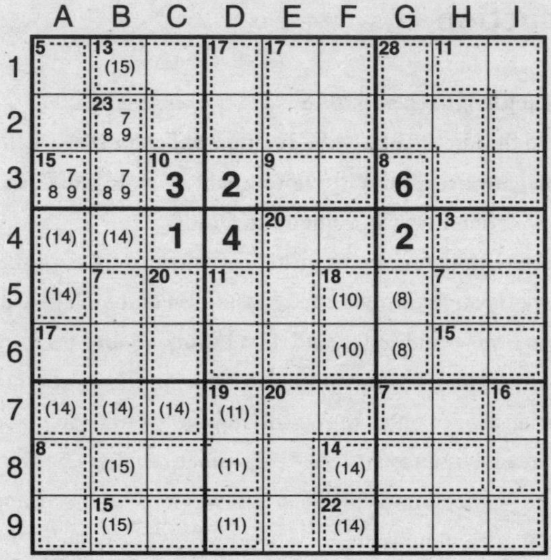

Fig. 1

For the harder puzzles, it is also necessary to resolve pairs in this way as well as single cells. So, in the middle right region, the three cages plus the 2 in G4 add up to 37, leaving the remaining pair (G5/G6) adding up to 8. The individual digits in the pair cannot be resolved at this stage, so each cell is marked (8). Equally, the cage of 18 could have been included, in which case the pair that stick out (F5/F6) must add up to 10 ((2+13+7+15+18)−45). Whilst F5 and F6 cannot be resolved yet, knowing that they add up to 10 means that D4 must be 4 (45−(10+20+11)). This illustrates the point that solving one integration often leads to another, and it always pays after solving an integration to look and see if it now opens up another.

The bottom right region also has a pair sticking out (F8/F9) which must add up to 14 ((7+16+14+22)−45). This leads on to being able to integrate the bottom centre region, which resolves the triplet D7/D8/D9 as 11 (45−(20+14)). Note that the same could also be achieved by integrating column D (where 45−(17+2+4+11) = 11).

To solve the harder puzzles it will also be necessary to integrate multiple rows, columns and regions. Two rows, columns or regions add up to 90, and three add up to 135. I remember one Killer in a World Su Doku Championship where the only way it could be started was to add up four columns (totalling 180). This is where all that mental arithmetic at school really pays off! Because it is so easy to make a mistake in the mental arithmetic, I find it essential to double-check each integration by adding up the cages in reverse order.

In this example, the cages in the bottom three rows add up to 121, revealing that the triplet in A7/B7/C7 must add up to 14.

Moving up to the top left region, the two fully enclosed cages add up to 18, making the remaining quartet of cells (A3/B2/B3/C3) add up to 27. As will be explained later, there are only three possible combinations for this: 9+8+7+3, 9+8+6+4 and 9+7+6+5. But C3+C4 must add up to 4 (because D3+D4 = 6), so C3 must be 3, the triplet A3/B2/B3 must be 7+8+9, and C4 must be 1.

In the final resolutions shown in the example:

- integrating column B identifies that the triplet B1/B8/B9 adds up to 15;
- integrating four regions (middle left, bottom left, bottom centre and bottom right) resolves that the triplet A4/A5/B4 adds up to 14.

The integration technique has now resolved quite a lot of the puzzle, probably a lot more than you expected. To get really good at it, practise visualising the shapes made by joining the cages together, to see where they form a contiguous block with just one or two cells either sticking out or indented. Also, practise sticking with it and solving as much as possible before allowing yourself to start using the next techniques. I cannot emphasise enough how much time will be saved later by investing time in thorough integration.

Single Combinations

The main constraint in Killers is that only certain combinations of digits are possible within a cage. The easiest of these are the single combinations where only one combination of digits is possible. The next stage in solving the Killer is therefore to identify the single combinations and to use classic Su Doku techniques to make use of them.

There are not many single combinations, so it is easy to learn them. For two, three and four cell cages, they are:

Two cell cages	Three cell cages	Four cell cages
3 = 1+2	6 = 1+2+3	10 = 1+2+3+4
4 = 1+3	7 = 1+2+4	11 = 1+2+3+5
16 = 7+9	23 = 6+8+9	29 = 5+7+8+9
17 = 8+9	24 = 7+8+9	30 = 6+7+8+9

To get to the example in Fig. 2 from the previous one:

- In the top left region, the cage of three cells adding up to 23 (B2/B3/B4) only has a single combination, which is 6+8+9. However, we already know that the triplet A3/B2/B3 must be 7+8+9. As B2 and B3 cannot contain the 7, it must be in A3, making B2/B3 8+9 and leaving B4 as 6.
- In the middle left region, the cage of three cells adding up to 7 can only be 1+2+4, and there is already a 1 in the region (C4), so B7 must be the 1, and B5/B6 must be 2+4.
- We have already worked out that the triplet B4/A4/A5 must add up to 14, but B4 has now been resolved as 6, so A4/A5 must add up to 8.
- In column A, the cage of 17 must be 8+9, and we already know that A7/B7/C7 adds up to 14 and B7 is 1, so C7 must be 4 or 5.
- The other single combination cages are: D1/D2 = 8+9, H1/I1/I2/I3 = 1+2+3+5 (note that I3 can only be 1 or 5 because row 3 already contains 2 and 3), and I7/I8 = 7+9.

Fig. 2

	A	B	C	D	E	F	G	H	I
1	5	13 (15)		17 8 9	17		28	11 1 2 3 5	1 2 3 5
2		23 9 8		8 9					1 2 3 5
3	15 **7**	8 9	10 **3**	**2**	9		8 **6**		1 5
4	(8)	**6**	**1**	**4**	20		**2**	13	
5	(8)	7 2 4	20	11		18 (10)	(8)	7	
6	17 9 8	2 4				(10)	(8)	15	
7	9 8	**1**	4 5	19 (11)	20		7		16 9 7
8	8	(15)		(11)		14 (14)			9 7
9		15 (15)		(11)		22 (14)			

Multiple Combinations (Combination Elimination)

With the harder puzzles, there will only be a few single combinations, and most cages will have multiple possible combinations of digits. To solve these cages it is necessary to eliminate the combinations that are impossible due to other constraints in order to identify the one combination that is possible.

The most popular multiple combinations are:

Two cell cages	Three cell cages	Four cell cages
5 = 1+4 or 2+3	8 = 1+2+5 or 1+3+4 (always contains 1)	12 = 1+2+3+6 or 1+2+4+5 (always contains 1+2)
6 = 1+5 or 2+4	22 = 9+8+5 or 9+7+6 (always contains 9)	13 = 1+2+3+7 or 1+2+4+6 or 1+3+4+5 (always contains 1)
7 = 1+6 or 2+5 or 3+4		27 = 9+8+7+3 or 9+8+6+4 or 9+7+6+5 (always contains 9)
8 = 1+7 or 2+6 or 3+5		28 = 9+8+7+4 or 9+8+6+5 (always contains 9+8)
9 = 1+8 or 2+7 or 3+6 or 4+5		
10 = 1+9 or 2+8 or 3+7 or 4+6		
11 = 2+9 or 3+8 or 4+7 or 5+6		
12 = 3+9 or 4+8 or 5+7		
13 = 4+9 or 5+8 or 6+7		
14 = 5+9 or 6+8		
15 = 6+9 or 7+8		

Working from the last example, the following moves achieve the position in Fig. 3:

- E3/F3 is a cage of two cells adding up to 9, which has four possible combinations: 1+8, 2+7, 3+6 and 4+5. But 1+8 is not possible because 8 must be in D1 or D2, 2+7 is not possible because of the 2 in D3, and 3+6 is not possible because of the 3 in C3, so E3/F3 must be 4+5. I3 can then be resolved as 1.

- For the cage of 5 in A1/A2 there are two possibilities: 1+4 and 2+3. As the region already contains a 3 in C3, A1/A2 must be 1+4.
- The pair A4/A5 must add up to 8, which has three possible combinations: 1+7, 2+6 and 3+5. 1+7 is not possible because of the 7 in A3, and the 6 in B4 means that 2+6 is not possible, so A4/A5 must be 3+5. This also means that A8/A9 must be 2+6.
- The cage of 11 in D5/D6 has four possibilities, but all bar 5+6 can be eliminated. This makes D7/D8/D9 into 1+3+7, with the 1 eliminated from D7.

	A	B	C	D	E	F	G	H	I
1	5 / 4 1	13 (15)		17 / 9 8	17		28	11 / 3 2 5	2 3 5
2	4 1	23 / 9 8		9 8					3 2 5
3	15 **7**	9 8	10 **3**	**2**	9 / 4 5	4 5	8 **6**		**1**
4	5 3	**6**	**1**	**4**	20		**2**	13	
5	5 3	7 / 4 2	20	11 / 6 5		18 (10)	(8)	7	
6	17 / 9 8	4 2		6 5		(10)	(8)	15	
7	9 8	**1**	4 5	19 / 3 7	20		7	16 / 9 7	
8	8 / 6 2	(15)		1 7 3		14 (14)		9 7	
9	6 2	15 (15)		1 7 3		22 (14)			

Fig. 3

Getting good at this is rather like learning the times table at school, because you need to learn the combinations off by heart; then you can just look at a cage and the possible combinations will pop into your head, and you can eliminate the ones that are excluded by the presence of other surrounding digits.

Further Combination Elimination

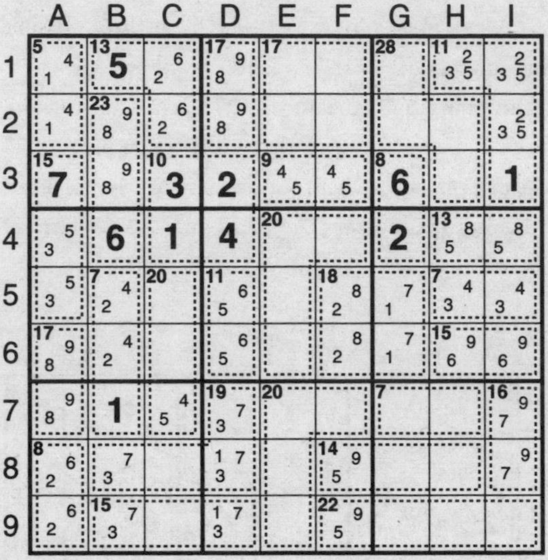

Fig. 4

To progress from where Fig. 3 finished off to the position in Fig. 4:

- The cage of 13 in the top left region must be 2+5+6, but 2 and 6 are already in column B, so B1 is 5 and C1/C2 are 2+6. B8/B9 are then 3+7.

- The cage of 13 in H4/I4 cannot be 4+9 or 6+7, and so must be 5+8. This then leads on to the cage of 15 in the region being 6+9, which leads on to the cage of 7 being 3+4. Finally, G5/G6 are left as 1+7. This illustrates nicely the benefit of looking for how one move can lead on to the next.

- With G5/G6 as 1+7, the other side of the cage of 18 (i.e. F5/F6), which is a pair adding up to 10, can only be 2+8, because the 1 and 7 digits cannot be repeated within a cage (excluding 1+9 and 3+7), and 4 and 6 are already elsewhere in the centre region.

- With F5/F6 as 2+8, the pair F8/F9, which add up to 14, must be 5+9.

This puzzle is now easily finished using classic Su Doku techniques.

With Deadly Killers it is also useful to identify where the possible combinations all contain the same digit or digits, so you know that digit has to be somewhere in the cage. The digit can then be used for scanning and for elimination elsewhere. It is also useful to identify any digit that is not in any of the combinations and so cannot be in the cage – it must therefore go elsewhere.

If you get stuck at any point, and find yourself having to contemplate complex logic to progress, the best way to get going again is to look for cage integration opportunities. It may be that the cells you have resolved have opened up a fresh cage integration opportunity, or that you missed one at the start.

Finally, keep looking out for opportunities to use classic Su Doku moves wherever possible, because they will be relatively easy moves. Good luck, and have fun.

Once you have mastered this book, why not step up a level and try *The Times Ultimate Killer Su Doku* books?

Mike Colloby
UK Puzzle Association

Puzzles

Moderate

1

17	18			4	10		7	22
	4	15			21			
13			7			8	16	
		3		17				10
12	17	12			8	3		
			4	13		21	14	
7	16				3		9	
	14		15	9			4	
	8				16		8	

🕐 **10 minutes**

time taken ....

Moderate

2

🕐 **10 minutes**

time taken ....

Killer Su Doku

3

22	6	10		4		8	16	
		16		14			3	
	8		3	12		30	12	
9							7	
3	17		9	13	12		4	
	12				6		14	
10		17		6		3	9	16
12		3	15	15				
11					18			

🕐 **10 minutes**

time taken ....

4

🕐 **10 minutes**

time taken ....

Killer Su Doku

5

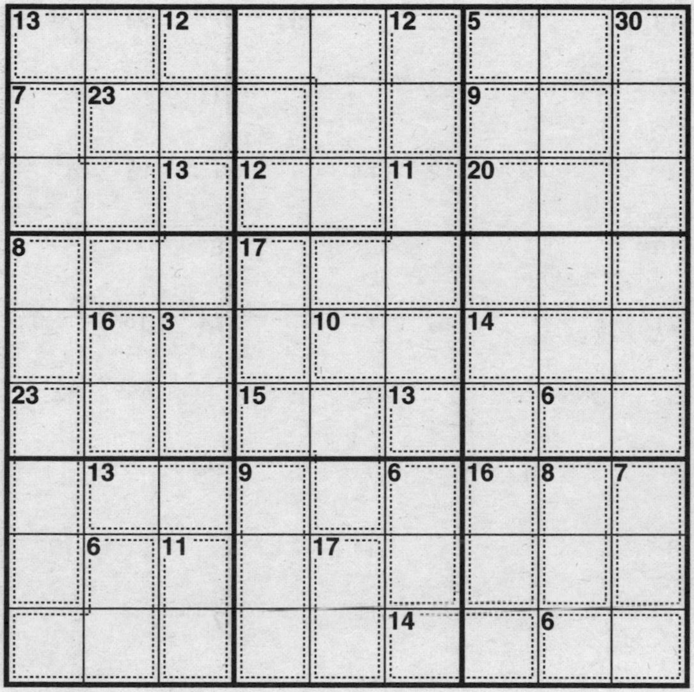
13 12 12 5 30
7 23 9
13 12 11 20
8 17
16 3 10 14
23 15 13 6
13 9 6 16 8 7
6 11 17
14 6

10 minutes

time taken ....

Moderate

16		8	12		20		13	10
4	13		5					
		9	12	17	8	3	16	4
10								
21	4		10	14		15	6	
	9			3	8		9	14
	13	17	4			11		
8				11			3	15
		30						

🕐 **16 minutes**

time taken ....

Killer Su Doku

⏱ 16 minutes

time taken ....

🕐 **16 minutes**

time taken ....

9

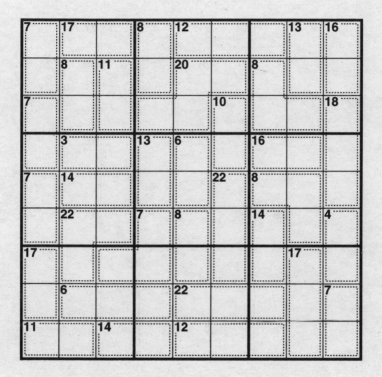

🕐 16 minutes

time taken ....

Moderate

4	12		14	9			17	
	8			16		20	10	12
22	12		6		5			
		9		22			10	
13		4						
5		29	20				11	
13					7		5	
17	4		6		11		17	
		15		8		12		

🕐 **22 minutes**

time taken ....

Killer Su Doku

11

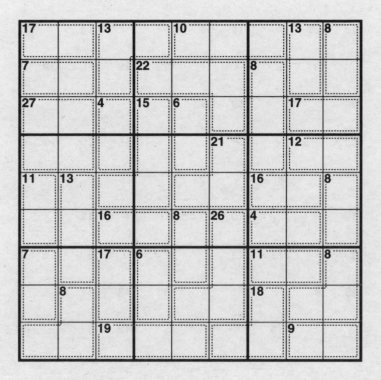

🕐 22 minutes

time taken ....

Moderate

🕐 22 minutes

time taken ....

13

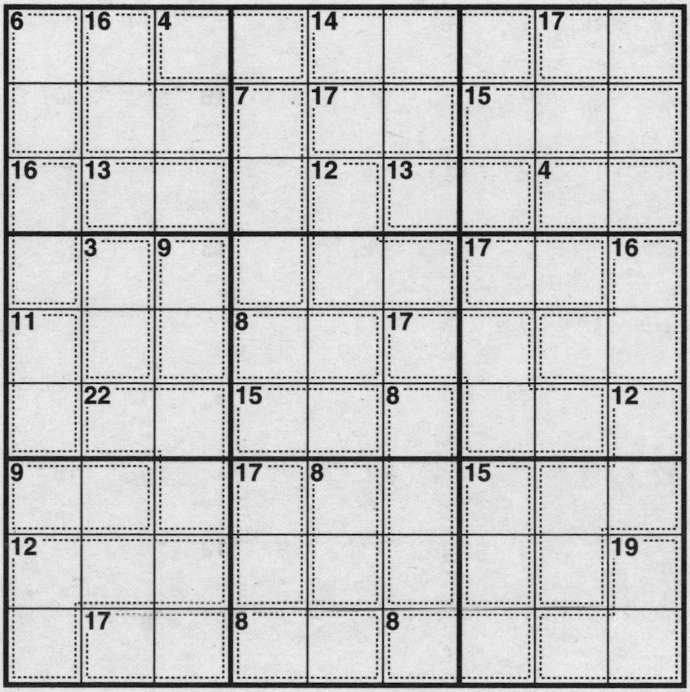
6 16 4 14 17
7 17 15
16 13 12 13 4
3 9 17 16
11 8 17
22 15 8 12
9 17 8 15
12 19
17 8 8

22 minutes

time taken ....

Moderate

🕐 **22 minutes**

time taken ....

15

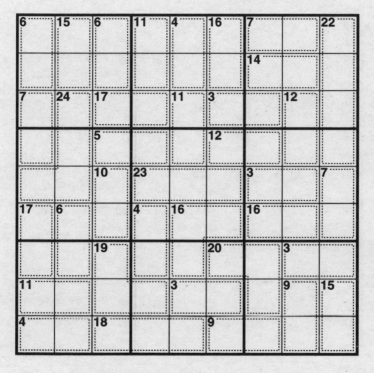

🕐 **22 minutes**

time taken ....

Moderate

🕐 **22 minutes**

time taken ....

Killer Su Doku

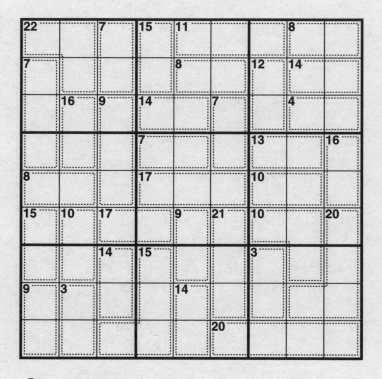

🕐 22 minutes

time taken ....

🕐 **22 minutes**

time taken ....

Killer Su Doku

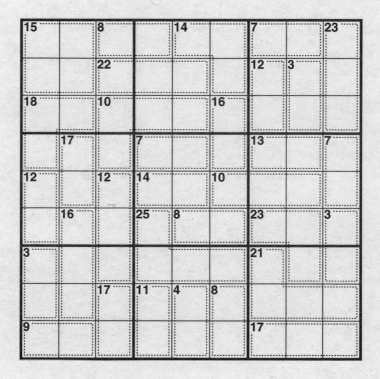

🕐 22 minutes

time taken ....

🕐 **22 minutes**

time taken ....

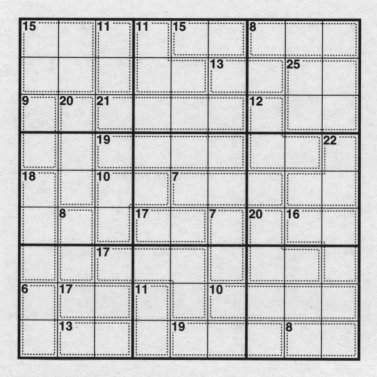

⏱ 22 minutes

time taken ....

Killer Su Doku

23

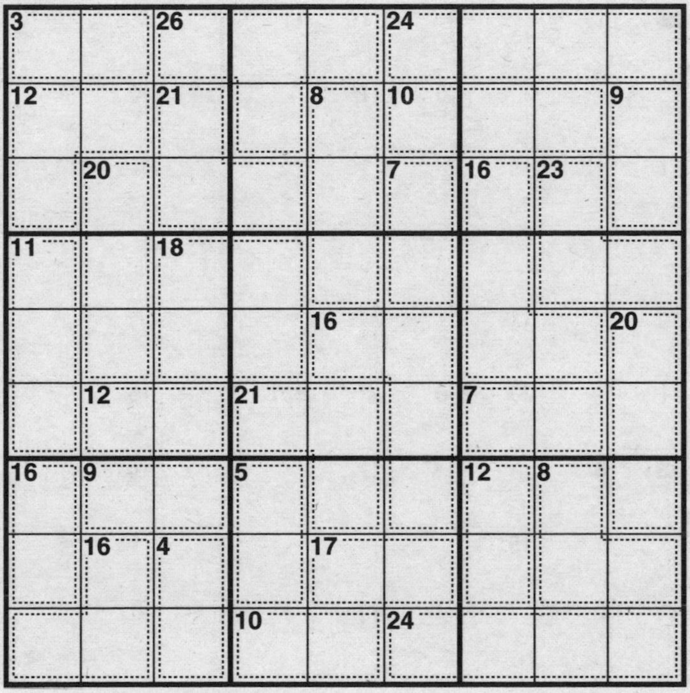
3 26 24
12 21 8 10 9
20 7 16 23
11 18
16 20
12 21 7
16 9 5 12 8
16 4 17
10 24

22 minutes

time taken ....

Moderate

🕐 **22 minutes**

time taken ....

25 17   25
        21 11   16 7
10 13   13
    18 21   10 22
                        11
            13   18
30   8   8   8   28
                7
24   21

⏱ 22 minutes

time taken ....

Tricky

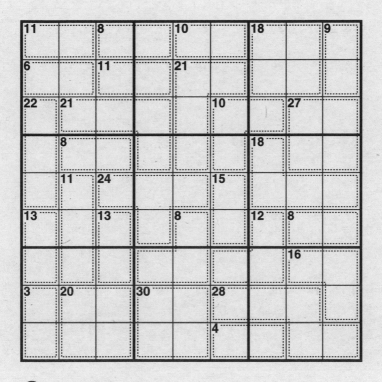

time taken ....

Tricky

⏲ **24 minutes**

time taken ....

28

🕐 24 minutes

time taken ....

Tricky

🕐 **24 minutes**

time taken ....

Killer Su Doku

30

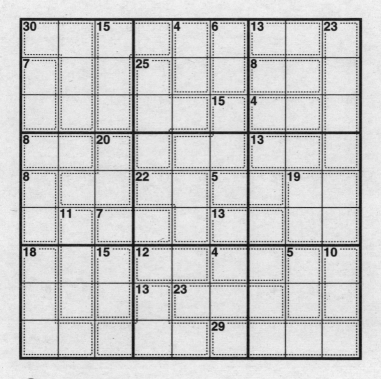

🕐 **24 minutes**

time taken ....

Tricky

⏲ **24 minutes**

time taken ....

Killer Su Doku

32

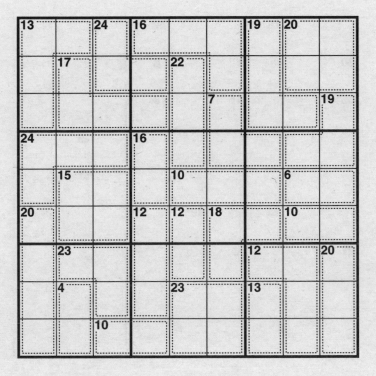

🕐 **24 minutes**

time taken ....

Tricky

33

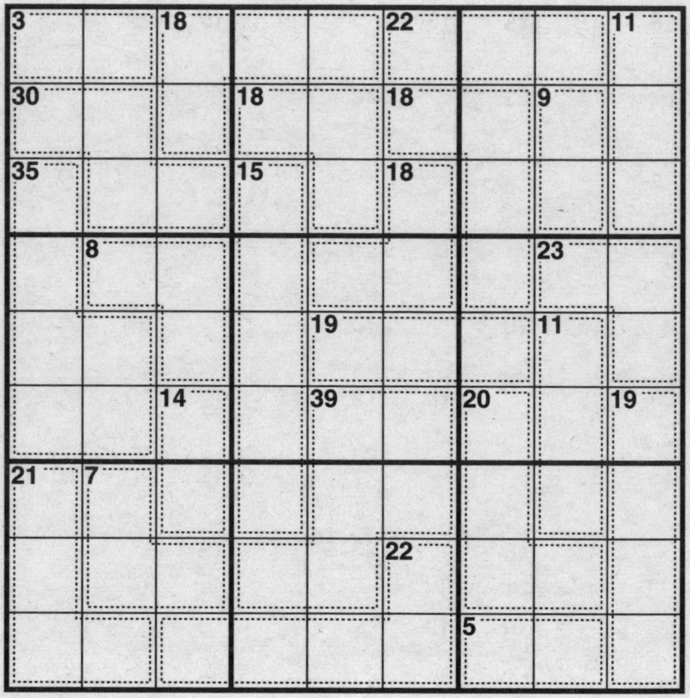

24 minutes

time taken ....

26	4	15			30			
		23			6		11	
	11			15				
	7			20		12	21	
9		30					8	
	17		19		8			7
14						11		
		16	7		28			
			12		7		11	

🕐 24 minutes

time taken ....

Tricky

⏱ **24 minutes**

time taken ....

36

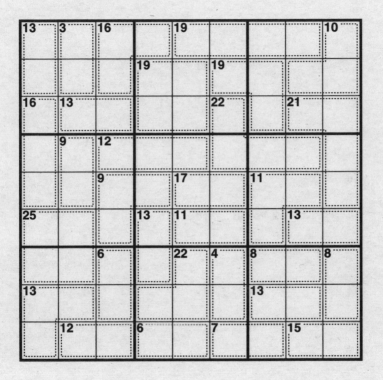

🕐 **24 minutes**

time taken ....

⏱ **24 minutes**

time taken ....

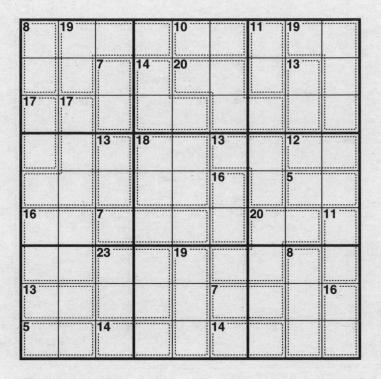

⏲ 24 minutes

time taken ....

Tricky

🕐 **24 minutes**

time taken ....

24			17		24	10	
18	17		24				18
	10	18					
				4		23	
8	19	17	11				9
			13	18			
	17				3		
20		12		22			17
			3		9		

🕐 24 minutes

time taken ....

Tricky

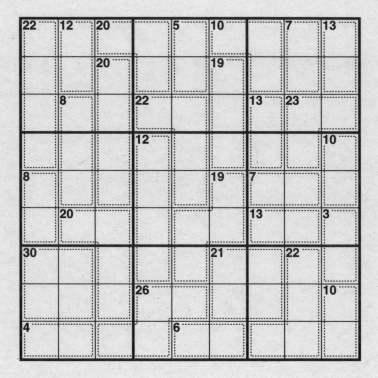

🕐 24 minutes

time taken ....

🕐 **24 minutes**

time taken ....

🕐 **24 minutes**

time taken ....

44

22	19				10		24	
	20	13						12
		11		22				
			8		10		20	
15	19				18			
			17	15	5	12		
28	5						10	
		15			17			
	10				16		12	

⏱ **24 minutes**

time taken ....

Tricky

45

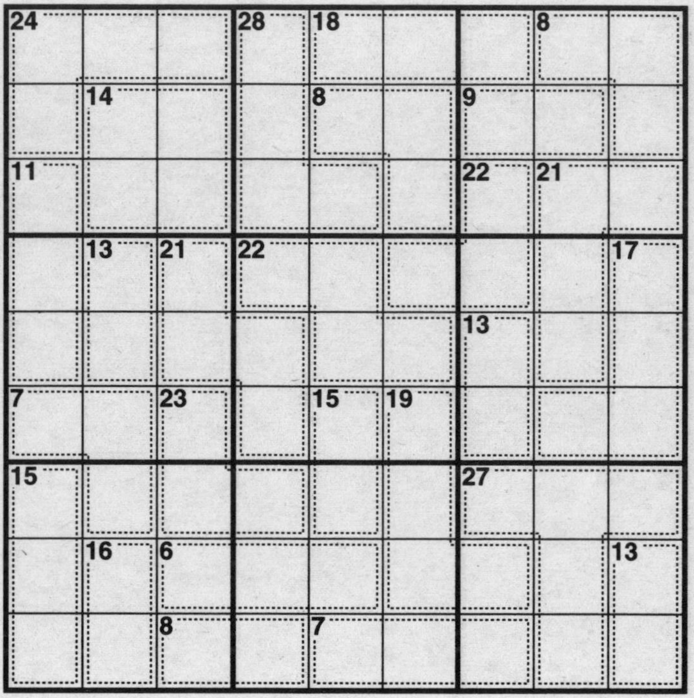

24 minutes

time taken ....

14	3	20	7		15			22
				12				
	12		20	28	14			
23	13							6
			23		20			
		9			11		10	
15	8		9	23				7
					7		23	
15				16				

🕐 24 minutes

time taken ....

Tricky

🕐 **24 minutes**

time taken ....

48

🕐 24 minutes

time taken ....

🕐 **24 minutes**

time taken ....

50

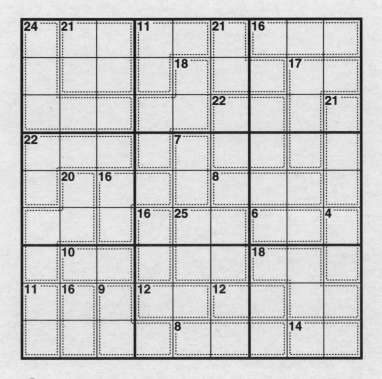

time taken ....

Tricky

Tough

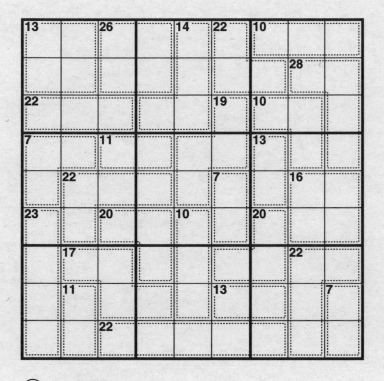

🕐 40 minutes

time taken ....

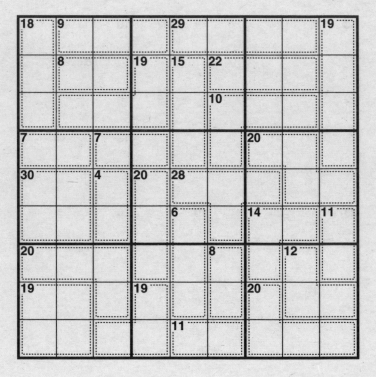

time taken ....

53

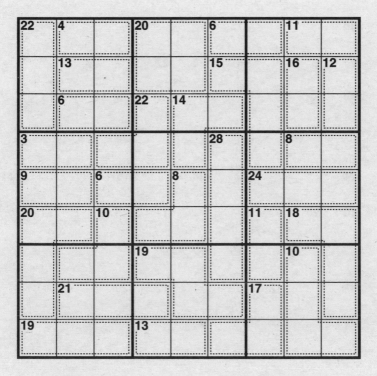

🕐 40 minutes

time taken ....

Tough

⏰ **40 minutes**

time taken ....

Killer Su Doku

55

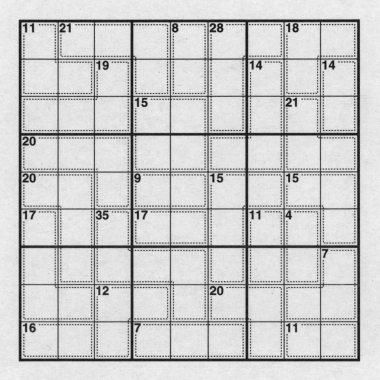

⏱ 40 minutes

time taken ....

Tough

⏲ **40 minutes**

time taken ....

57

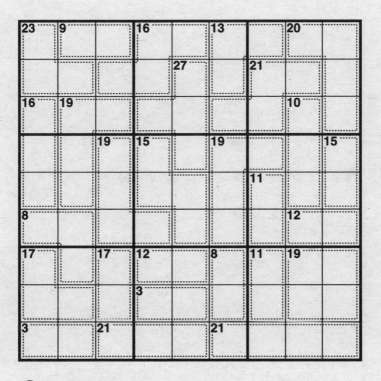

time taken ....

Tough

🕐 **40 minutes**

time taken ....

Killer Su Doku

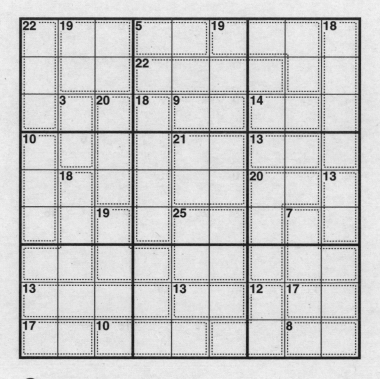

time taken ....

Tough

60

Killer Su Doku

61

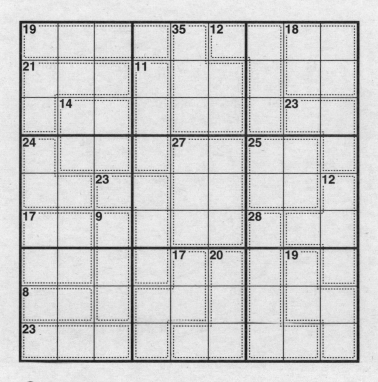

🕐 **40 minutes**

time taken ....

Tough

🕐 **40 minutes**

time taken ....

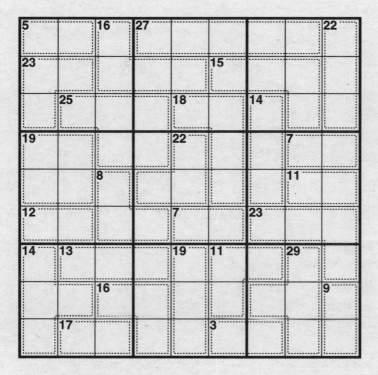

🕐 **40 minutes**

time taken ....

Tough

🕐 40 minutes

time taken ....

65

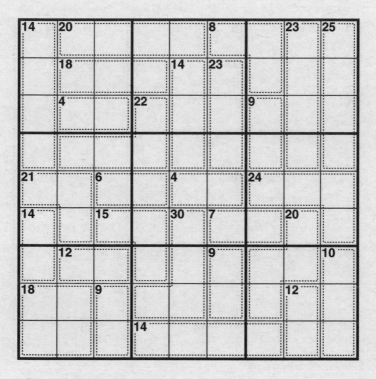

time taken ....

Tough

🕐 **40 minutes**

time taken ....

67

⏱ **40 minutes**

time taken ....

Tough

🕐 **40 minutes**

time taken ....

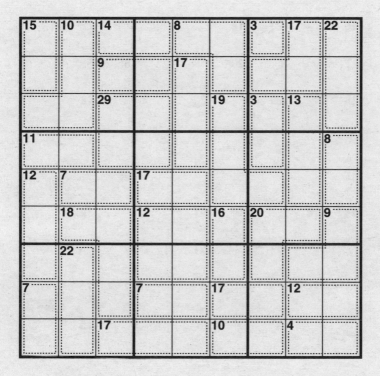

🕐 **40 minutes**

time taken ....

Tough

🕐 40 minutes

time taken ....

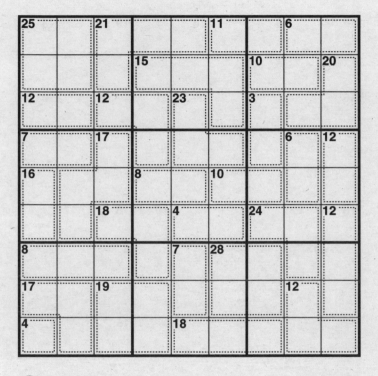

🕐 **40 minutes**

time taken ....

Tough

🕐 **40 minutes**

time taken ....

Killer Su Doku

21   12   10   6   13

8   11   23

19   3   8   25

   3   8   22   7

17   20

   25   20   4   12   7

      14   18

3   14   9   12

      16   15

🕐 **40 minutes**

time taken ....

Tough

🕐 40 minutes

time taken ....

Killer Su Doku

75

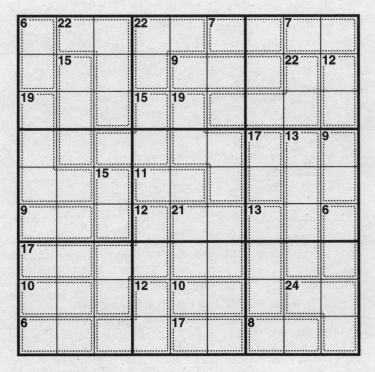

🕐 40 minutes

time taken ....

Tough

Killer Su Doku

12		21			13			
25			14	16			23	
		19		3		18		9
13				14				
	12				22		24	
3		18	24					
					14			20
8			12	9		21		
	15						3	

⏱ 40 minutes

time taken ....

Tough

29	6		21		18		16	
4	20	22			24			
			11		20		12	18
9		8		12				
		13			16	7	22	
6			21					
32		6						10
			22					

🕐 **40 minutes**

time taken ....

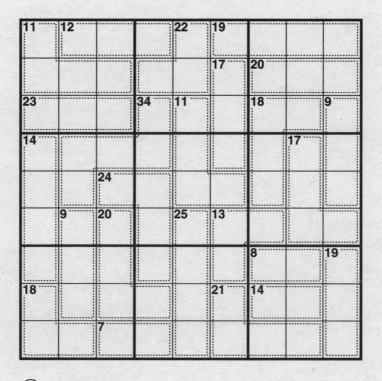

⏱ **40 minutes**

time taken ....

Tough

80

⏲ 40 minutes

time taken ....

Killer Su Doku

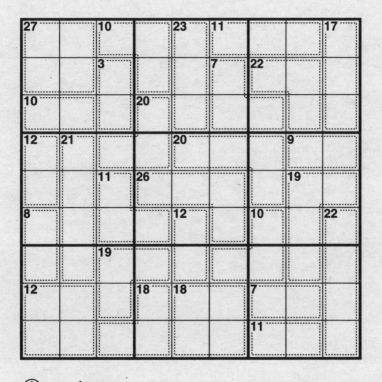

🕐 **40 minutes**

time taken ....

82

🕐 40 minutes

time taken ....

Killer Su Doku

83

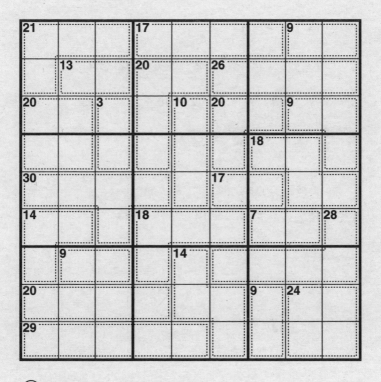

🕐 40 minutes

time taken ....

Tough

84

time taken ....

Killer Su Doku

85

🕐 **40 minutes**

time taken ....

Tough

🕐 **40 minutes**

time taken ....

18	24			15				3
		5		23	20	34		
		22						
18							8	
		19			7		21	
22			18	21		12		26
	26							
16							6	
		4		17				

⏱ **40 minutes**

time taken ....

Tough

🕐 40 minutes

time taken ....

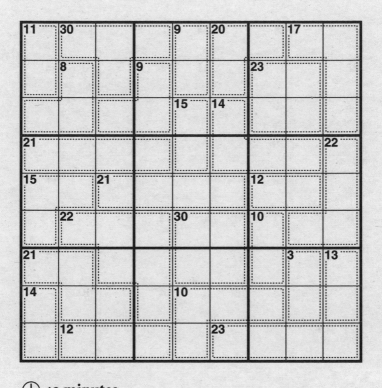

🕐 **40 minutes**

time taken ....

⏱ **40 minutes**

time taken ....

Killer Su Doku

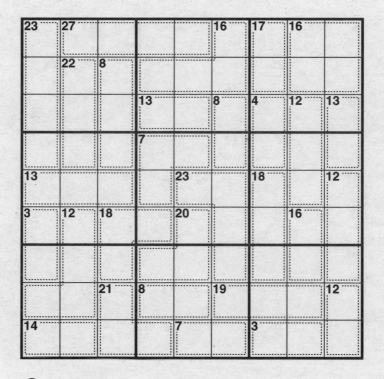

⏱ 40 minutes

time taken ....

92

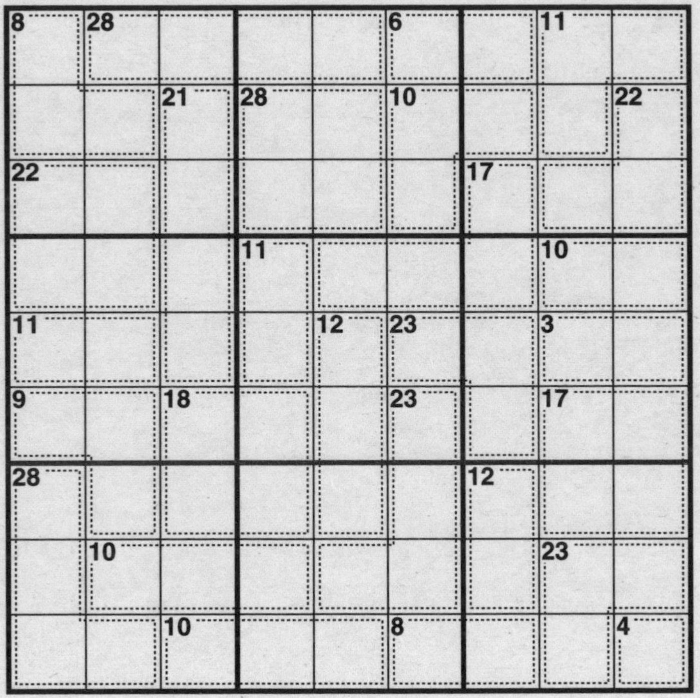
8
28
6
11
21
28
10
22
22
17
11
10
11
12
23
3
9
18
23
17
28
12
10
23
10
8
4

40 minutes

time taken ....

⏱ **40 minutes**

time taken ....

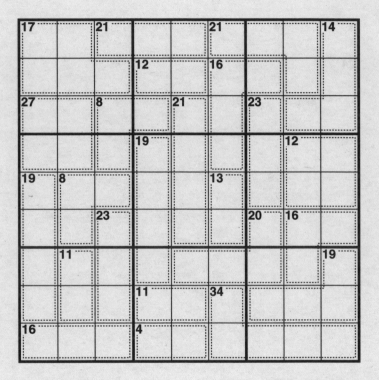

🕐 40 minutes

time taken ....

Killer Su Doku

3		17		25		16		11
21						15		
	19		10				9	
13	14		19				8	28
		23			9	18		
	10			14				
			19				10	
17	13			6			15	
	7				16			

🕐 40 minutes

time taken ....

Tough

24		9	19		7		10	
				11	16			
10	20				26	23		
			10			21	9	
7	11							
		23			20		10	16
25			12					
		22		6	12		19	
	7							

🕐 **40 minutes**

time taken ....

Killer Su Doku

🕐 **40 minutes**

time taken ....

Tough

🕐 40 minutes

time taken ....

Killer Su Doku

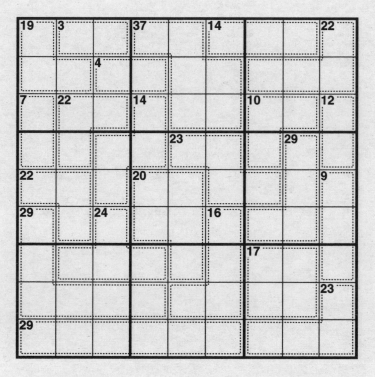

100

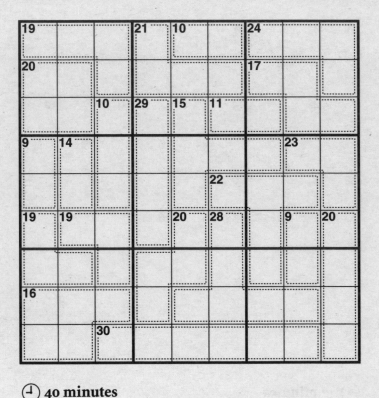

⏱ **40 minutes**

time taken ....

Deadly

101

① 1 hour 12 minutes

time taken ....

102

7		23			9		22	
21			17	8				
20	13			13		17		
	19		8	9			11	
			17					
9	15	12			9	16	6	
24			14					
	22			13				
5		9				17		

🕐 1 hour 12 minutes

time taken ....

Deadly

🕐 **1 hour 12 minutes**

time taken ....

104

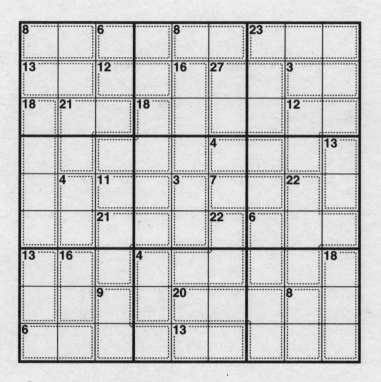

time taken ....

Deadly

105

🕐 1 hour 12 minutes

time taken ....

106

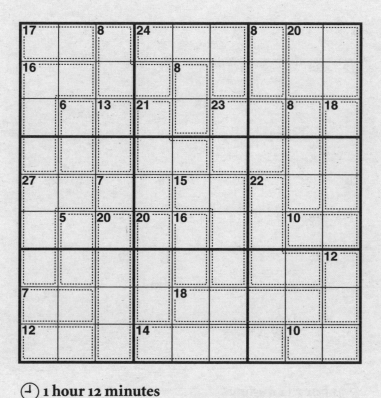

🕐 1 hour 12 minutes

time taken ....

Deadly

🕑 **1 hour 12 minutes**

time taken ....

🕐 1 hour 12 minutes

time taken ....

🕐 **1 hour 12 minutes**

time taken ....

⏱ **1 hour 12 minutes**

time taken ....

Deadly

111

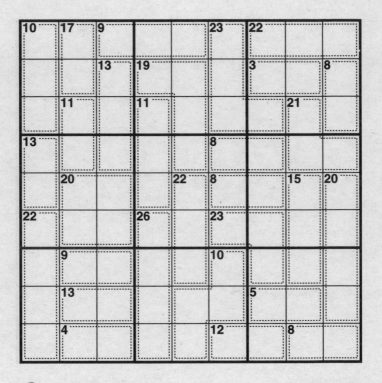

🕐 **1 hour 12 minutes**

time taken ....

Killer Su Doku

112

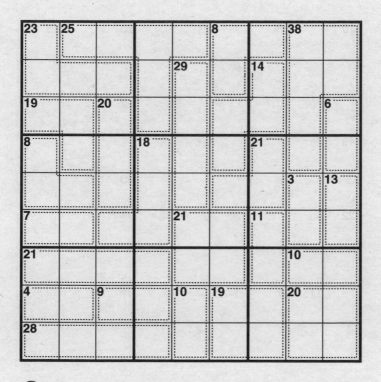

🕐 1 hour 12 minutes

time taken ....

Deadly

🕐 1 hour 14 minutes

time taken ....

114

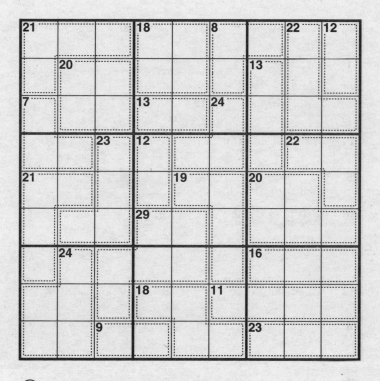

time taken ....

Deadly

⏲ 1 hour 14 minutes

time taken ....

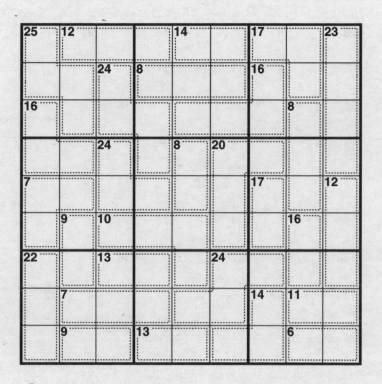

time taken ....

Deadly

117

🕐 1 hour 14 minutes

time taken ....

Killer Su Doku

118

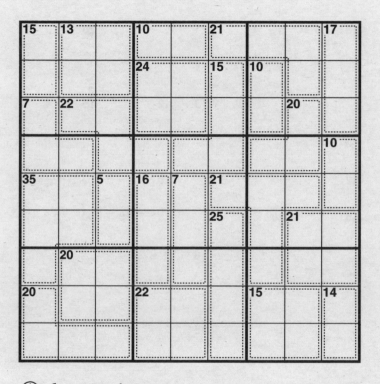

🕐 1 hour 14 minutes

time taken ....

28	6	5		21			20	
		8	14	12				
			13	12		15		
19					7			
12		13		20				
15		20			13	30	12	
	7		18					
17	8			9			7	
9			15					

🕐 **1 hour 14 minutes**

time taken ....

Killer Su Doku

120

time taken ....

Deadly

⏱ 1 hour 14 minutes

time taken ....

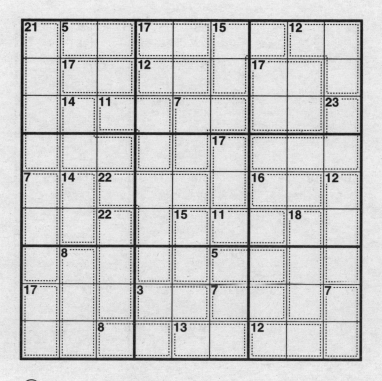

⏱ 1 hour 14 minutes

time taken ....

🕐 1 hour 16 minutes

time taken ....

124

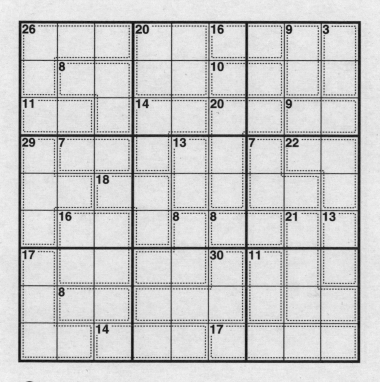

🕐 1 hour 16 minutes

time taken ....

Deadly

🕐 1 hour 16 minutes

time taken ....

126

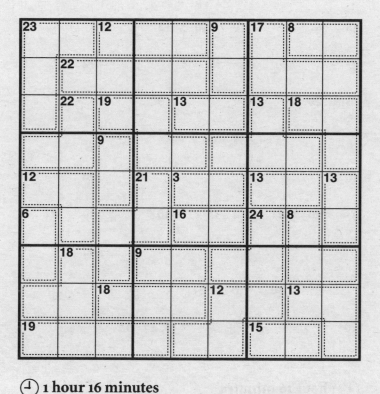

Deadly

🕐 1 hour 16 minutes

time taken ....

Killer Su Doku

128

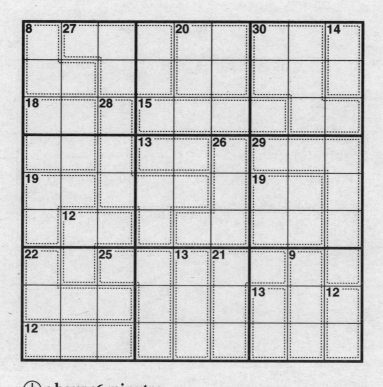

Deadly

🕐 1 hour 16 minutes

time taken ....

Killer Su Doku

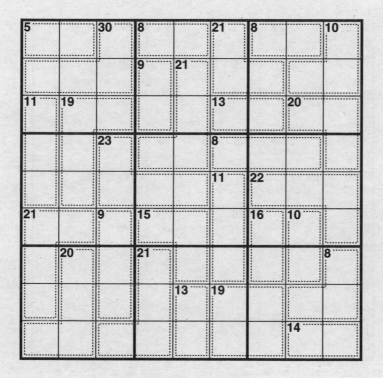

⏱ **1 hour 16 minutes**

time taken ....

131

🕐 1 hour 16 minutes

time taken ....

Killer Su Doku

132

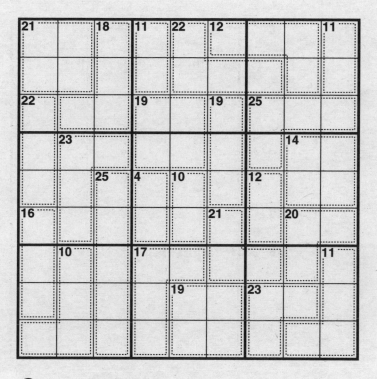

🕐 1 hour 16 minutes

time taken ....

Deadly

🕐 1 hour 16 minutes

time taken ....

Killer Su Doku

134

18	24			11	28			
							33	
10			42					
20	21			17		34		
				20				
12		30			23		26	
				24				
12								

🕐 1 hour 24 minutes

time taken ....

Deadly

🕐 **1 hour 24 minutes**

time taken ....

🕐 1 hour 24 minutes

time taken ....

🕐 1 hour 24 minutes

time taken ....

time taken ....

Deadly

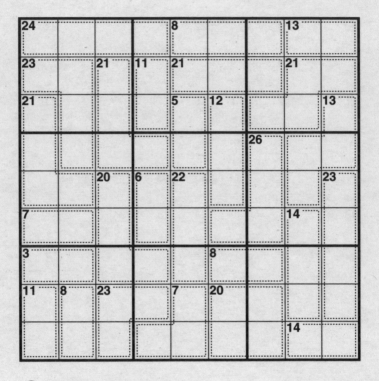

🕐 **1 hour 24 minutes**

time taken ....

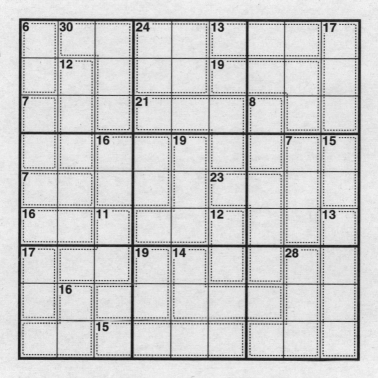

(🕐) 1 hour 24 minutes

time taken ....

141

🕐 1 hour 45 minutes

time taken ....

Killer Su Doku

🕐 1 hour 45 minutes

time taken ....

⏱ **1 hour 45 minutes**

time taken ....

144

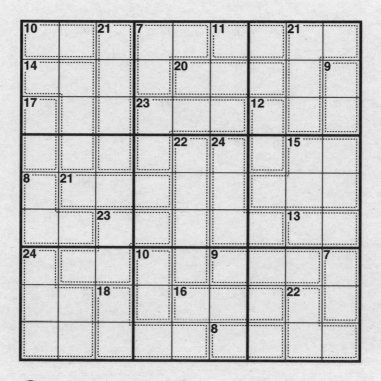

🕐 1 hour 45 minutes

time taken ....

Deadly

145

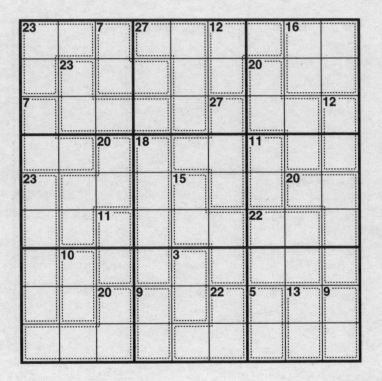

Killer Su Doku

146

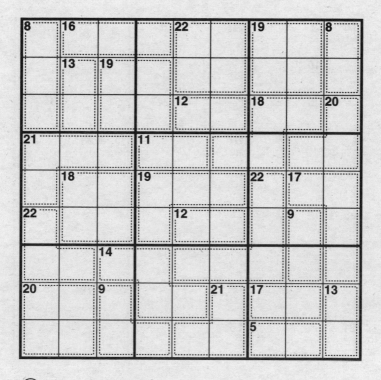

🕐 1 hour 45 minutes

time taken ....

Deadly

147

⏱ 1 hour 45 minutes

time taken ....

Killer Su Doku

148

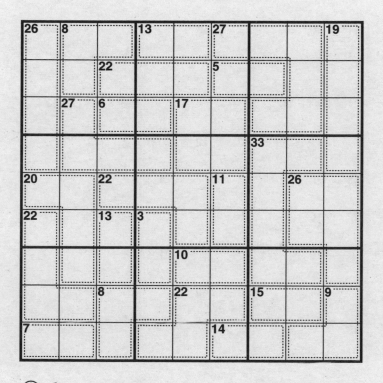

🕐 1 hour 45 minutes

time taken ....

Deadly

149

🕐 **2 hours**

time taken ....

Killer Su Doku

150

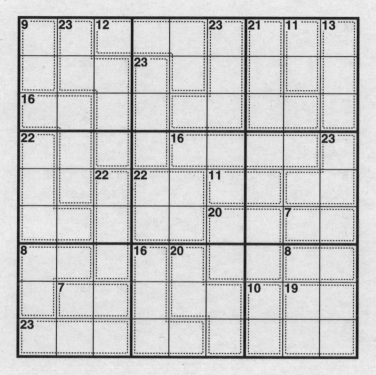

(L) 2 hours

time taken ....

Deadly

151

152

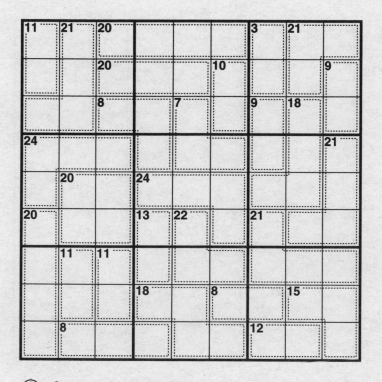

🕐 2 hours

time taken ....

Deadly

153

🕐 **2 hours**

time taken ....

Killer Su Doku

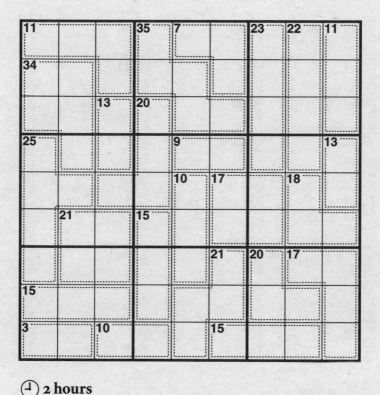

⏱ **2 hours**

time taken ....

🕐 2 hours

time taken ....

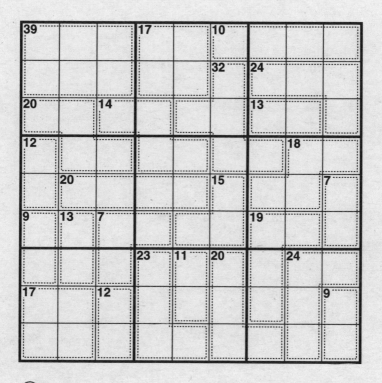

⏱ **2 hours**

time taken ....

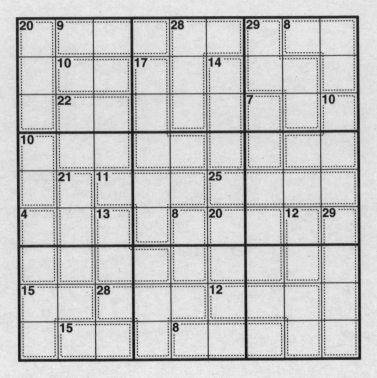

🕐 **2 hours**

time taken ....

Killer Su Doku

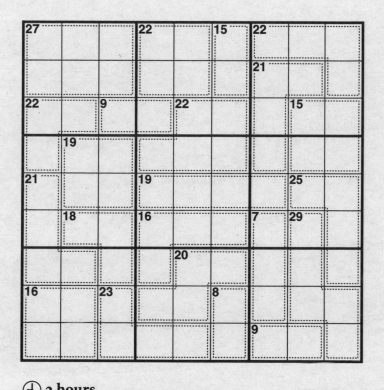

⏱ **2 hours**

time taken ....

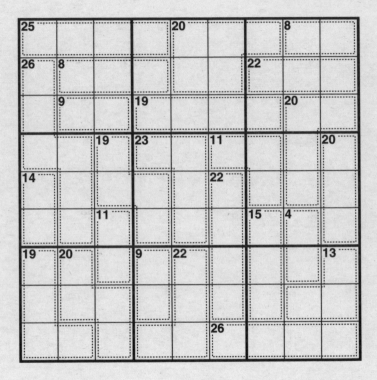

🕐 2 hours

time taken ....

160

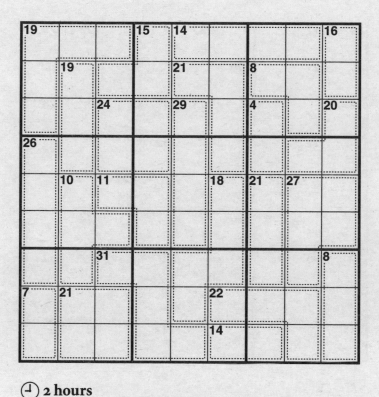

⏰ **2 hours**

time taken ....

Deadly

161

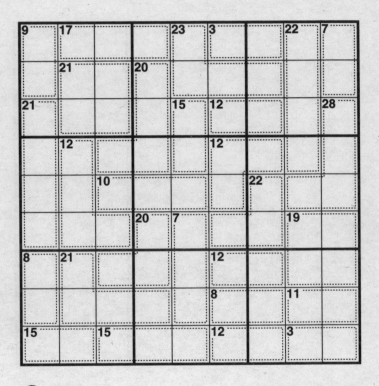

🕐 2 hours

time taken ....

Killer Su Doku

162

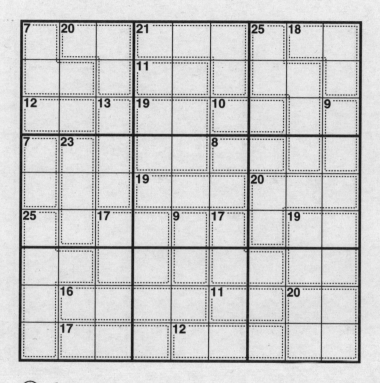

⏱ **2 hours**

time taken ....

Deadly

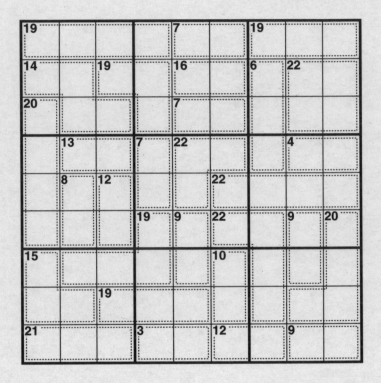

🕐 2 hours

time taken ....

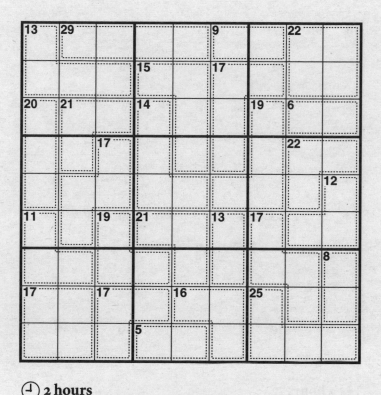

🕐 2 hours

time taken ....

🕐 **2 hours**

time taken ....

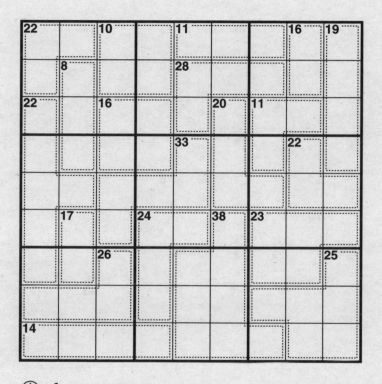

🕐 2 hours

time taken ....

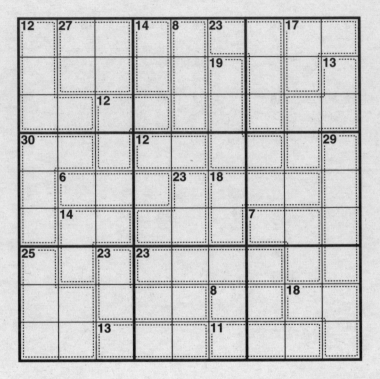

⏱ **2 hours**

time taken ....

Killer Su Doku

168

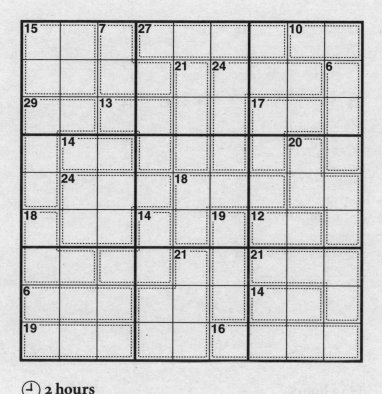

⏲ **2 hours**

time taken ....

Deadly

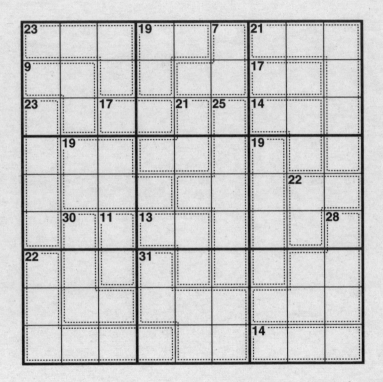

🕐 **2 hours**

time taken ....

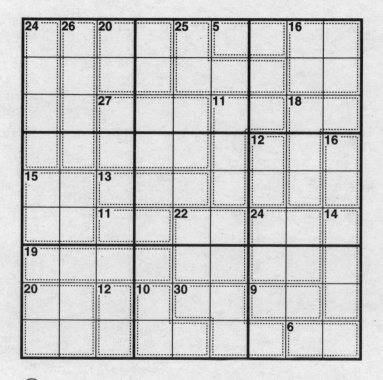

🕐 2 hours

time taken ....

171

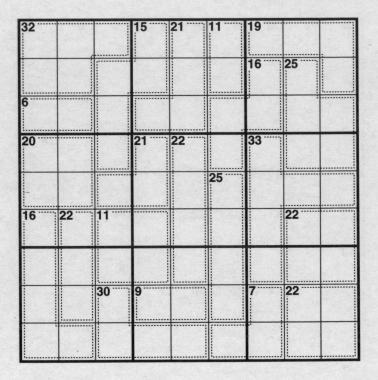

🕐 **2 hours**

time taken ....

Killer Su Doku

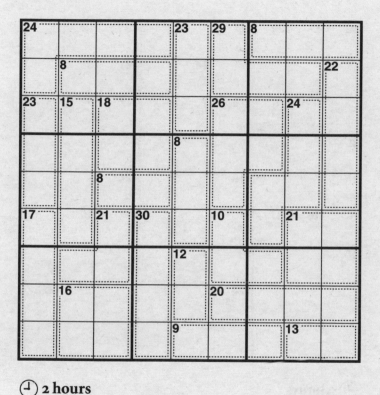

⏰ 2 hours

time taken ....

⏰ **2 hours**

time taken ....

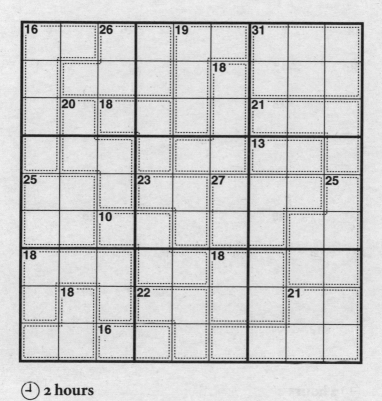

🕐 2 hours

time taken ....

Killer Su Doku

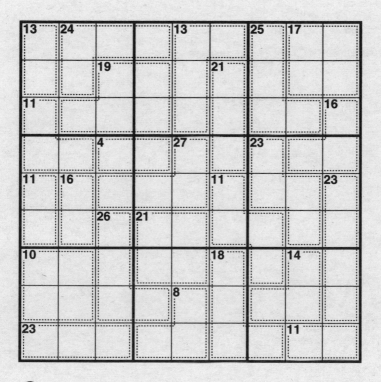

🕐 2 hours

time taken ....

🕐 **2 hours**

time taken ....

Killer Su Doku

⏲ 2 hours

time taken ....

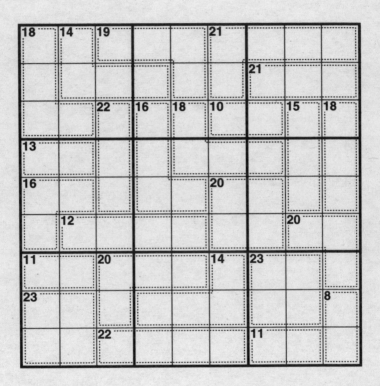

180

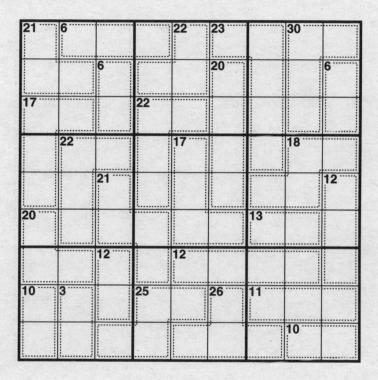

⏱ **2 hours**

time taken ....

181

🕐 2 hours

time taken ....

Killer Su Doku

182

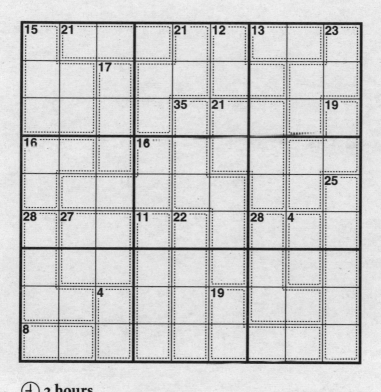

🕐 2 hours

time taken ....

Deadly

183

🕐 2 hours

time taken ....

184

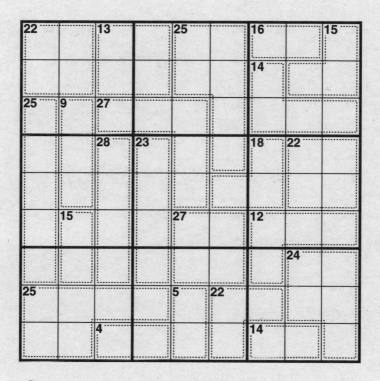

🕐 2 hours

time taken ....

Deadly

185

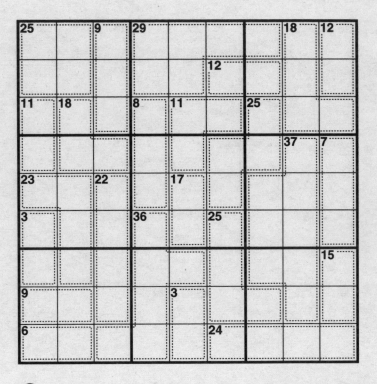

2 hours

time taken ....

Killer Su Doku

186

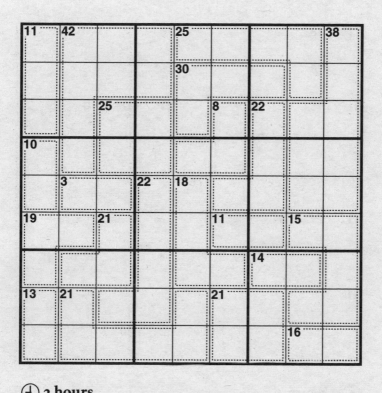

🕐 2 hours

time taken ....

Deadly

187

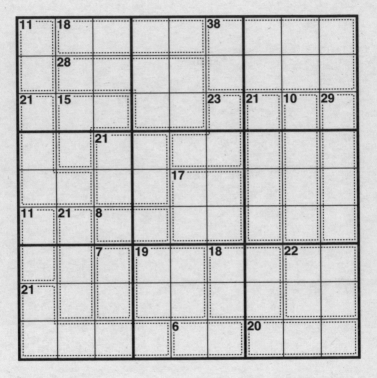

🕐 **2 hours**

time taken ....

Killer Su Doku

🕐 **2 hours**

time taken ....

🕐 2 hours

time taken ....

Killer Su Doku

🕐 2 hours

time taken ....

🕐 **2 hours**

time taken ....

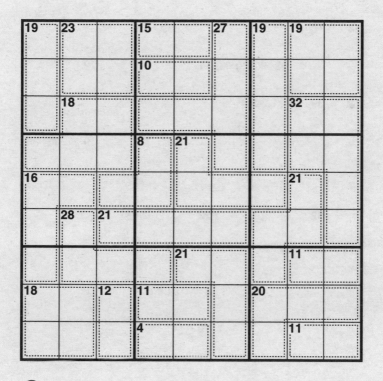

Deadly

193

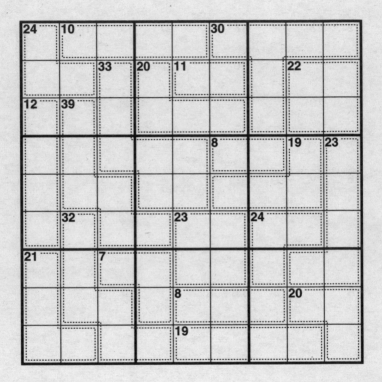

🕐 **2 hours**

time taken ....

Killer Su Doku

194

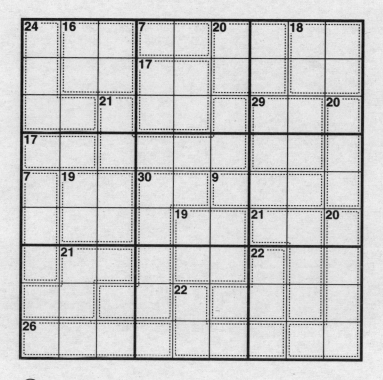

🕐 2 hours

time taken ....

Deadly

195

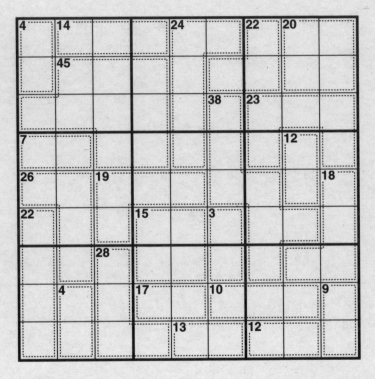

🕐 **2 hours**

time taken ....

Killer Su Doku

196

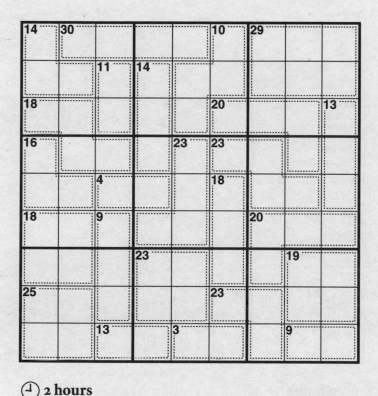

🕐 2 hours

time taken ....

Deadly

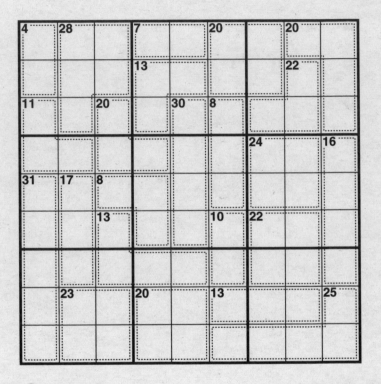

🕐 2 hours

time taken ....

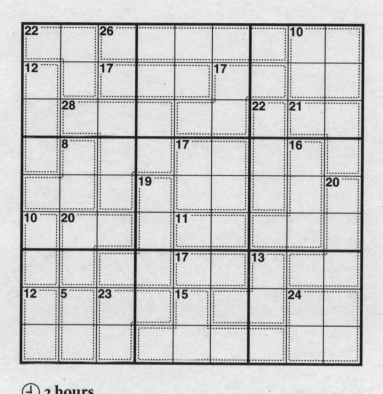

🕐 **2 hours**

time taken ....

Deadly

🕐 **2 hours**

time taken ....

200

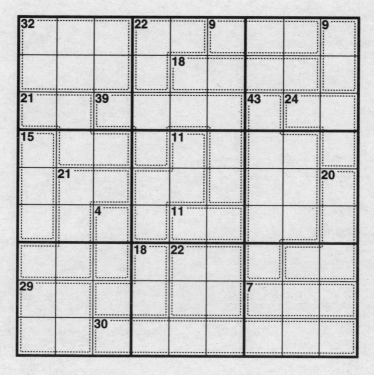

🕐 2 hours

time taken ....

Deadly

Cage Reference

Cage Combination Reference

These are the various combinations of numbers for every possible total covering each of the cage sizes. This should save you time when checking the possibilities.

Cages with 2 squares:

Total	Combinations
3	12
4	13
5	14 23
6	15 24
7	16 25 34
8	17 26 35
9	18 27 36 45
10	19 28 37 46
11	29 38 47 56
12	39 48 57
13	49 58 67
14	59 68
15	69 78
16	79
17	89

Cages with 3 squares:

Total	Combinations
6	123
7	124
8	125 134
9	126 135 234
10	127 136 145 235
11	128 137 146 236 245
12	129 138 147 156 237 246 345
13	139 148 157 238 247 256 346
14	149 158 167 239 248 257 347 356
15	159 168 249 258 267 348 357 456
16	169 178 259 268 349 358 367 457
17	179 269 278 359 368 458 467
18	189 279 369 378 459 468 567
19	289 379 469 478 568
20	389 479 569 578
21	489 579 678
22	589 679
23	689
24	789

Cages with 4 squares:

Total	Combinations
10	1234
11	1235
12	1236 1245
13	1237 1246 1345
14	1238 1247 1256 1346 2345
15	1239 1248 1257 1347 1356 2346
16	1249 1258 1267 1348 1357 1456 2347 2356
17	1259 1268 1349 1358 1367 1457 2348 2357 2456
18	1269 1278 1359 1368 1458 1467 2349 2358 2367 2457 3456
19	1279 1369 1378 1459 1468 1567 2359 2368 2458 2467 3457
20	1289 1379 1469 1478 1568 2369 2378 2459 2468 2567 3458 3467
21	1389 1479 1569 1578 2379 2469 2478 2568 3459 3468 3567
22	1489 1579 1678 2389 2479 2569 2578 3469 3478 3568 4567
23	1589 1679 2489 2579 2678 3479 3569 3578 4568
24	1689 2589 2679 3489 3579 3678 4569 4578
25	1789 2689 3589 3679 4579 4678
26	2789 3689 4589 4679 5678
27	3789 4689 5679
28	4789 5689
29	5789
30	6789

Cages with 5 squares:

Total	Combinations
15	12345
16	12346
17	12347 12356
18	12348 12357 12456
19	12349 12358 12367 12457 13456
20	12359 12368 12458 12467 13457 23456
21	12369 12378 12459 12468 12567 13458 13467 23457
22	12379 12469 12478 12568 13459 13468 13567 23458 23467
23	12389 12479 12569 12578 13469 13478 13568 14567 23459 23468 23567
24	12489 12579 12678 13479 13569 13578 14568 23469 23478 23568 24567
25	12589 12679 13489 13579 13678 14569 14578 23479 23569 23578 24568 34567
26	12689 13589 13679 14579 14678 23489 23579 23678 24569 24578 34568
27	12789 13689 14589 14679 15678 23589 23679 24579 24678 34569 34578
28	13789 14689 15679 23689 24589 24679 25678 34579 34678
29	14789 15689 23789 24689 25679 34589 34679 35678
30	15789 24789 25689 34689 35679 45678
31	16789 25789 34789 35689 45679
32	26789 35789 45689
33	36789 45789
34	46789
35	56789

Cages with 6 squares:

Total	Combinations
21	123456
22	123457
23	123458 123467
24	123459 123468 123567
25	123469 123478 123568 124567
26	123479 123569 123578 124568 134567
27	123489 123579 123678 124569 124578 134568 234567
28	123589 123679 124579 124678 134569 134578 234568
29	123689 124589 124679 125678 134579 134678 234569 234578
30	123789 124689 125679 134589 134679 135678 234579 234678
31	124789 125689 134689 135679 145678 234589 234679 235678
32	125789 134789 135689 145679 234689 235679 245678
33	126789 135789 145689 234789 235689 245679 345678
34	136789 145789 235789 245689 345679
35	146789 236789 245789 345689
36	156789 246789 345789
37	256789 346789
38	356789
39	456789

Cages with 7 squares:

Total	Combinations
28	1234567
29	1234568
30	1234569 1234578
31	1234579 1234678
32	1234589 1234679 1235678
33	1234689 1235679 1245678
34	1234789 1235689 1245679 1345678
35	1235789 1245689 1345679 2345678
36	1236789 1245789 1345689 2345679
37	1246789 1345789 2345689
38	1256789 1346789 2345789
39	1356789 2346789
40	1456789 2356789
41	2456789
42	3456789

Cages with 8 squares:

Total	Combinations		Total	Combinations
36	12345678		41	12356789
37	12345679		42	12456789
38	12345689		43	13456789
39	12345789		44	23456789
40	12346789			

Solutions

1

8	2	7	9	3	4	6	1	5
9	3	5	6	1	7	2	4	8
6	1	4	5	2	8	3	7	9
3	4	1	2	8	6	5	9	7
7	8	6	4	9	5	1	2	3
5	9	2	1	7	3	4	8	6
2	7	9	3	6	1	8	5	4
4	6	8	7	5	2	9	3	1
1	5	3	8	4	9	7	6	2

2

9	8	3	2	4	7	5	1	6
7	4	5	6	1	3	2	9	8
6	2	1	9	8	5	4	7	3
4	5	6	7	3	1	8	2	9
3	7	2	5	9	8	6	4	1
1	9	8	4	6	2	7	3	5
8	3	4	1	2	6	9	5	7
5	1	9	8	7	4	3	6	2
2	6	7	3	5	9	1	8	4

3

8	2	6	4	1	3	5	7	9
5	4	7	9	8	6	3	2	1
9	1	3	2	5	7	6	4	8
3	6	4	1	7	8	9	5	2
2	9	8	6	4	5	7	1	3
1	7	5	3	9	2	4	8	6
7	3	9	8	2	4	1	6	5
4	8	1	5	6	9	2	3	7
6	5	2	7	3	1	8	9	4

4

3	4	7	6	2	8	5	1	9
6	5	2	7	9	1	4	3	8
1	9	8	5	4	3	7	2	6
2	7	1	8	6	9	3	5	4
4	8	9	2	3	5	6	7	1
5	3	6	1	7	4	8	9	2
7	1	4	9	5	6	2	8	3
8	6	5	3	1	2	9	4	7
9	2	3	4	8	7	1	6	5

Solutions

5

7	6	5	1	4	9	2	3	8
1	8	9	6	2	3	4	5	7
4	2	3	7	5	8	1	9	6
5	4	6	8	1	2	3	7	9
3	7	2	9	6	4	5	8	1
8	9	1	5	3	7	6	4	2
6	5	8	3	7	1	9	2	4
9	1	4	2	8	5	7	6	3
2	3	7	4	9	6	8	1	5

6

7	9	2	8	4	1	3	5	6
1	5	6	2	3	7	9	8	4
3	8	4	5	9	6	2	7	1
6	4	5	7	8	2	1	9	3
8	3	1	6	5	9	7	4	2
9	2	7	4	1	3	8	6	5
4	7	8	1	2	5	6	3	9
2	6	9	3	7	4	5	1	8
5	1	3	9	6	8	4	2	7

7

4	1	7	9	5	2	6	3	8
6	5	2	3	1	8	7	4	9
3	8	9	7	4	6	1	5	2
7	3	1	4	8	5	2	9	6
9	2	5	6	7	1	4	8	3
8	4	6	2	9	3	5	1	7
5	9	8	1	2	7	3	6	4
2	6	4	5	3	9	8	7	1
1	7	3	8	6	4	9	2	5

8

3	7	8	6	1	5	4	2	9
5	6	9	4	8	2	3	1	7
4	2	1	9	7	3	8	6	5
9	8	2	1	3	7	6	5	4
1	5	4	8	9	6	7	3	2
6	3	7	5	2	4	9	8	1
7	9	6	3	5	1	2	4	8
2	4	5	7	6	8	1	9	3
8	1	3	2	4	9	5	7	6

9

1	9	8	3	6	4	2	5	7
6	3	7	5	1	2	4	8	9
2	5	4	8	9	7	1	3	6
5	2	1	6	4	3	7	9	8
3	8	6	7	2	9	5	1	4
4	7	9	1	5	8	6	2	3
9	6	2	4	3	5	8	7	1
8	1	3	2	7	6	9	4	5
7	4	5	9	8	1	3	6	2

10

1	5	7	6	2	4	3	9	8
3	6	2	8	7	9	1	4	5
9	4	8	1	5	3	2	6	7
6	7	4	5	9	2	8	1	3
5	8	1	3	6	7	9	2	4
2	3	9	4	1	8	7	5	6
4	9	5	7	8	1	6	3	2
8	1	3	2	4	6	5	7	9
7	2	6	9	3	5	4	8	1

11

9	8	2	7	1	5	4	6	3
1	6	4	8	9	3	2	7	5
7	5	3	6	4	2	1	8	9
6	9	1	3	2	7	5	4	8
3	4	5	1	6	8	7	9	2
8	2	7	9	5	4	3	1	6
2	7	8	4	3	9	6	5	1
5	1	9	2	7	6	8	3	4
4	3	6	5	8	1	9	2	7

12

8	7	9	5	1	4	2	3	6
2	6	1	9	3	8	7	5	4
5	4	3	2	7	6	9	8	1
3	1	5	4	2	9	6	7	8
7	9	6	1	8	3	4	2	5
4	8	2	6	5	7	1	9	3
1	2	8	7	6	5	3	4	9
6	5	4	3	9	2	8	1	7
9	3	7	8	4	1	5	6	2

13

4	6	1	3	5	7	2	8	9
2	7	3	1	9	8	4	6	5
9	5	8	2	4	6	7	3	1
7	1	5	4	6	2	8	9	3
8	2	4	5	3	9	1	7	6
3	9	6	7	8	1	5	2	4
6	3	7	8	1	4	9	5	2
5	4	2	9	7	3	6	1	8
1	8	9	6	2	5	3	4	7

14

8	2	5	4	1	9	6	7	3
4	1	6	3	7	2	9	8	5
9	7	3	8	6	5	1	2	4
3	5	9	7	4	8	2	1	6
2	6	8	1	9	3	4	5	7
1	4	7	5	2	6	3	9	8
7	8	4	2	3	1	5	6	9
5	9	2	6	8	4	7	3	1
6	3	1	9	5	7	8	4	2

15

2	8	5	6	1	7	3	4	9
4	7	1	5	3	9	6	8	2
6	3	9	8	4	2	1	7	5
1	9	3	2	7	4	8	5	6
7	5	4	9	6	8	2	1	3
8	2	6	1	5	3	7	9	4
9	4	7	3	8	6	5	2	1
5	6	8	4	2	1	9	3	7
3	1	2	7	9	5	4	6	8

16

8	9	3	4	7	6	5	2	1
1	2	6	8	9	5	7	3	4
5	4	7	1	3	2	6	9	8
9	5	8	2	4	7	1	6	3
7	1	4	3	6	9	2	8	5
6	3	2	5	8	1	9	4	7
4	6	5	9	1	8	3	7	2
2	8	9	7	5	3	4	1	6
3	7	1	6	2	4	8	5	9

17

9	5	4	8	3	1	7	2	6
1	8	3	7	2	6	4	9	5
2	7	6	5	9	4	8	3	1
4	9	2	6	1	3	5	8	7
5	3	1	2	7	8	6	4	9
7	6	8	9	4	5	3	1	2
8	4	9	1	5	7	2	6	3
3	2	5	4	6	9	1	7	8
6	1	7	3	8	2	9	5	4

18

7	1	2	6	9	4	8	3	5
5	8	9	3	1	7	6	2	4
4	3	6	5	8	2	9	1	7
6	7	4	2	3	5	1	9	8
2	9	3	8	7	1	5	4	6
8	5	1	4	6	9	2	7	3
9	6	8	1	4	3	7	5	2
3	2	7	9	5	8	4	6	1
1	4	5	7	2	6	3	8	9

19

8	2	7	1	6	5	4	3	9
4	1	5	8	9	3	7	2	6
9	6	3	2	4	7	5	1	8
3	8	1	5	2	9	6	7	4
7	9	2	6	8	4	1	5	3
5	4	6	3	7	1	9	8	2
2	7	4	9	5	8	3	6	1
1	5	8	4	3	6	2	9	7
6	3	9	7	1	2	8	4	5

20

5	3	9	7	2	1	8	4	6
4	1	7	6	8	3	9	2	5
8	6	2	9	4	5	3	7	1
7	9	1	3	5	4	2	6	8
3	2	5	8	9	6	4	1	7
6	8	4	2	1	7	5	3	9
1	4	3	5	6	8	7	9	2
2	7	8	1	3	9	6	5	4
9	5	6	4	7	2	1	8	3

21

9	2	6	5	7	8	3	4	1
3	1	5	2	4	6	7	8	9
7	4	8	9	3	1	5	6	2
2	9	4	3	5	7	6	1	8
8	7	3	6	1	4	2	9	5
6	5	1	8	9	2	4	3	7
4	3	2	1	8	5	9	7	6
5	8	9	7	6	3	1	2	4
1	6	7	4	2	9	8	5	3

22

3	7	2	9	1	5	4	6	8
6	4	1	2	7	8	5	9	3
5	8	9	4	6	3	7	2	1
9	6	4	7	8	1	2	3	5
2	1	5	6	3	9	8	4	7
7	3	8	5	2	4	9	1	6
8	5	3	1	4	2	6	7	9
4	9	6	3	5	7	1	8	2
1	2	7	8	9	6	3	5	4

23

2	1	6	9	3	7	5	8	4
5	4	9	8	2	6	1	3	7
3	8	7	5	1	4	6	9	2
4	9	2	1	5	3	7	6	8
6	3	8	7	4	9	2	1	5
1	7	5	6	8	2	3	4	9
9	5	4	3	7	1	8	2	6
7	6	3	2	9	8	4	5	1
8	2	1	4	6	5	9	7	3

24

5	6	7	1	4	9	8	3	2
9	1	3	2	6	8	4	5	7
8	4	2	5	3	7	6	9	1
3	8	1	9	7	4	5	2	6
4	7	5	6	2	3	9	1	8
2	9	6	8	1	5	3	7	4
7	3	9	4	8	1	2	6	5
6	5	4	7	9	2	1	8	3
1	2	8	3	5	6	7	4	9

25

3	2	1	6	8	4	9	5	7
9	5	8	7	2	3	6	1	4
4	7	6	9	5	1	3	8	2
6	4	9	5	1	8	7	2	3
1	8	7	2	3	9	4	6	5
5	3	2	4	7	6	1	9	8
7	9	5	3	6	2	8	4	1
8	6	3	1	4	5	2	7	9
2	1	4	8	9	7	5	3	6

26

3	8	1	7	4	6	5	9	2
4	2	6	5	8	9	3	1	7
5	9	7	2	3	1	4	8	6
8	6	2	3	1	5	7	4	9
9	3	5	4	6	7	8	2	1
7	1	4	9	2	8	6	5	3
6	7	9	1	5	4	2	3	8
1	4	3	8	7	2	9	6	5
2	5	8	6	9	3	1	7	4

27

5	8	2	1	4	3	7	6	9
6	9	4	7	8	5	2	3	1
7	1	3	9	6	2	8	4	5
2	5	6	4	1	9	3	8	7
4	7	1	6	3	8	5	9	2
8	3	9	2	5	7	6	1	4
9	6	7	3	2	4	1	5	8
1	4	5	8	7	6	9	2	3
3	2	8	5	9	1	4	7	6

28

3	1	5	4	9	8	7	6	2
4	8	7	2	6	5	9	3	1
2	9	6	1	7	3	5	4	8
7	3	8	5	1	2	6	9	4
9	6	1	7	8	4	3	2	5
5	4	2	9	3	6	8	1	7
1	5	3	6	4	7	2	8	9
8	7	9	3	2	1	4	5	6
6	2	4	8	5	9	1	7	3

29

1	3	8	9	2	4	5	7	6
7	5	2	3	1	6	4	9	8
9	6	4	7	5	8	3	1	2
5	1	7	4	6	9	8	2	3
8	4	3	2	7	5	9	6	1
6	2	9	8	3	1	7	4	5
2	9	6	5	8	7	1	3	4
4	8	1	6	9	3	2	5	7
3	7	5	1	4	2	6	8	9

30

8	6	1	7	3	2	9	4	5
3	9	5	8	1	4	2	6	7
4	7	2	6	9	5	3	1	8
7	1	9	2	4	6	5	8	3
6	8	3	9	5	1	4	7	2
2	5	4	3	8	7	6	9	1
9	4	8	5	7	3	1	2	6
5	2	7	1	6	9	8	3	4
1	3	6	4	2	8	7	5	9

31

3	5	7	6	1	4	9	8	2
8	9	2	7	3	5	1	6	4
4	1	6	8	2	9	7	3	5
9	7	3	5	4	6	8	2	1
1	4	8	2	9	7	6	5	3
6	2	5	1	8	3	4	7	9
2	3	9	4	7	8	5	1	6
5	8	4	3	6	1	2	9	7
7	6	1	9	5	2	3	4	8

32

1	5	7	2	3	6	4	9	8
4	6	9	8	7	5	3	2	1
3	8	2	1	9	4	7	5	6
9	4	3	7	6	2	1	8	5
8	7	5	9	1	3	6	4	2
6	2	1	5	4	8	9	7	3
5	9	6	4	8	1	2	3	7
7	1	8	3	2	9	5	6	4
2	3	4	6	5	7	8	1	9

33

1	2	3	6	4	5	8	9	7
8	6	5	9	7	3	2	4	1
4	9	7	1	2	8	6	5	3
5	3	4	2	1	9	7	8	6
2	7	1	4	8	6	5	3	9
9	8	6	3	5	7	1	2	4
7	1	8	5	9	4	3	6	2
3	4	2	8	6	1	9	7	5
6	5	9	7	3	2	4	1	8

34

4	3	2	5	1	8	6	7	9
9	1	8	6	7	2	4	3	5
7	6	5	9	4	3	8	2	1
6	2	4	1	9	5	3	8	7
3	5	7	8	2	4	9	1	6
1	8	9	3	6	7	2	5	4
5	9	6	2	8	1	7	4	3
2	7	1	4	3	9	5	6	8
8	4	3	7	5	6	1	9	2

35

1	7	8	3	2	5	9	4	6
9	6	3	7	1	4	2	5	8
2	5	4	9	8	6	7	3	1
6	4	7	5	9	2	1	8	3
5	8	1	6	7	3	4	2	9
3	2	9	8	4	1	5	6	7
7	3	6	2	5	9	8	1	4
8	1	5	4	6	7	3	9	2
4	9	2	1	3	8	6	7	5

36

9	2	7	3	6	8	4	1	5
4	1	6	9	7	5	8	2	3
3	8	5	2	1	4	6	7	9
6	5	8	1	3	2	7	9	4
7	4	3	5	8	9	2	6	1
2	9	1	6	4	7	3	5	8
8	6	4	7	9	1	5	3	2
1	7	2	8	5	3	9	4	6
5	3	9	4	2	6	1	8	7

37

9	2	1	8	7	4	3	5	6
8	7	4	6	3	5	1	9	2
3	5	6	1	2	9	4	8	7
2	9	5	3	6	8	7	1	4
6	4	7	2	5	1	9	3	8
1	8	3	9	4	7	6	2	5
5	1	9	7	8	6	2	4	3
4	6	2	5	1	3	8	7	9
7	3	8	4	9	2	5	6	1

38

1	9	2	3	6	4	5	7	8
7	5	3	2	9	8	6	4	1
8	6	4	7	5	1	2	9	3
9	2	7	6	3	5	1	8	4
5	4	6	8	1	9	7	3	2
3	8	1	4	2	7	9	6	5
4	1	8	9	7	2	3	5	6
6	7	5	1	8	3	4	2	9
2	3	9	5	4	6	8	1	7

39

9	3	4	7	6	1	8	2	5
8	6	1	5	2	9	4	3	7
7	5	2	3	8	4	1	9	6
2	8	9	4	3	5	6	7	1
1	7	5	8	9	6	2	4	3
3	4	6	2	1	7	9	5	8
4	1	3	6	7	2	5	8	9
5	9	8	1	4	3	7	6	2
6	2	7	9	5	8	3	1	4

40

8	3	7	6	5	4	9	2	1
4	9	2	1	7	8	5	3	6
1	5	6	3	9	2	8	4	7
7	6	4	2	8	3	1	9	5
5	2	8	9	1	7	3	6	4
3	1	9	4	6	5	7	8	2
9	7	5	8	4	6	2	1	3
2	4	1	5	3	9	6	7	8
6	8	3	7	2	1	4	5	9

9	4	6	5	2	7	1	3	8
7	8	1	9	3	6	2	4	5
2	5	3	4	1	8	7	6	9
4	2	7	1	9	5	6	8	3
3	1	9	6	8	4	5	2	7
5	6	8	2	7	3	4	9	1
6	7	4	3	5	9	8	1	2
8	9	2	7	6	1	3	5	4
1	3	5	8	4	2	9	7	6

9	3	8	6	5	4	7	1	2
7	5	4	9	1	2	6	3	8
1	6	2	8	7	3	4	9	5
3	1	5	7	2	8	9	6	4
6	8	9	1	4	5	2	7	3
2	4	7	3	6	9	5	8	1
5	7	6	4	3	1	8	2	9
8	2	3	5	9	6	1	4	7
4	9	1	2	8	7	3	5	6

5	8	2	4	9	1	7	3	6
1	6	4	7	2	3	8	9	5
3	9	7	6	5	8	1	2	4
6	7	1	3	4	9	2	5	8
8	5	9	2	1	6	4	7	3
4	2	3	5	8	7	9	6	1
2	1	8	9	6	5	3	4	7
9	3	5	1	7	4	6	8	2
7	4	6	8	3	2	5	1	9

7	6	8	2	3	5	4	9	1
9	3	2	4	7	1	8	6	5
4	1	5	6	8	9	3	2	7
2	7	9	1	5	4	6	3	8
3	8	4	7	2	6	1	5	9
1	5	6	8	9	3	7	4	2
8	4	1	9	6	2	5	7	3
5	9	7	3	4	8	2	1	6
6	2	3	5	1	7	9	8	4

45

8	2	5	7	6	3	9	1	4
9	6	4	8	1	5	2	7	3
7	3	1	4	9	2	5	6	8
1	5	7	6	4	9	8	3	2
3	8	9	2	5	7	6	4	1
2	4	6	3	8	1	7	5	9
4	1	8	9	7	6	3	2	5
5	7	2	1	3	8	4	9	6
6	9	3	5	2	4	1	8	7

46

6	1	7	5	2	8	4	3	9
5	2	9	4	1	3	8	7	6
3	4	8	7	9	6	1	5	2
4	7	1	9	3	2	6	8	5
2	6	3	8	5	7	9	4	1
9	8	5	6	4	1	3	2	7
8	5	4	2	6	9	7	1	3
7	3	6	1	8	5	2	9	4
1	9	2	3	7	4	5	6	8

47

2	3	8	6	9	4	7	5	1
7	4	1	5	2	3	8	6	9
6	9	5	7	8	1	4	3	2
8	5	3	1	4	9	2	7	6
9	1	7	3	6	2	5	8	4
4	2	6	8	7	5	9	1	3
5	6	4	2	1	7	3	9	8
3	8	2	9	5	6	1	4	7
1	7	9	4	3	8	6	2	5

48

5	9	3	8	4	7	1	6	2
1	8	7	2	6	9	5	4	3
4	6	2	3	5	1	8	7	9
8	4	5	7	9	2	6	3	1
9	3	6	4	1	5	2	8	7
2	7	1	6	3	8	9	5	4
7	5	8	9	2	4	3	1	6
6	2	4	1	8	3	7	9	5
3	1	9	5	7	6	4	2	8

49

8	3	7	9	2	4	6	5	1
6	2	9	7	1	5	4	8	3
1	5	4	3	8	6	2	9	7
7	4	5	6	3	2	8	1	9
3	1	2	8	4	9	5	7	6
9	6	8	5	7	1	3	2	4
2	8	6	4	9	7	1	3	5
4	7	1	2	5	3	9	6	8
5	9	3	1	6	8	7	4	2

50

4	1	8	2	5	9	6	3	7
6	3	9	4	8	7	5	1	2
2	5	7	3	6	1	9	8	4
9	2	4	1	3	5	7	6	8
7	6	3	8	4	2	1	5	9
1	8	5	7	9	6	2	4	3
5	4	6	9	2	8	3	7	1
3	9	1	5	7	4	8	2	6
8	7	2	6	1	3	4	9	5

51

7	1	4	9	6	8	2	5	3
2	3	6	7	1	5	9	4	8
8	5	9	3	4	2	1	6	7
4	2	5	6	7	1	8	3	9
1	8	3	2	9	4	5	7	6
6	9	7	8	5	3	4	2	1
3	6	8	5	2	9	7	1	4
9	4	2	1	3	7	6	8	5
5	7	1	4	8	6	3	9	2

52

4	1	2	6	8	9	5	7	3
8	3	5	2	4	7	9	6	1
6	7	9	1	5	3	4	2	8
2	5	4	3	6	1	8	9	7
7	8	3	4	9	5	6	1	2
9	6	1	7	2	8	3	4	5
1	4	8	9	3	2	7	5	6
5	9	7	8	1	6	2	3	4
3	2	6	5	7	4	1	8	9

53

7	3	1	9	8	4	2	6	5
6	5	8	1	2	7	3	9	4
9	4	2	6	5	3	1	7	8
2	1	9	7	6	8	4	5	3
3	6	4	2	1	5	9	8	7
8	7	5	3	4	9	6	1	2
1	2	3	8	7	6	5	4	9
4	9	7	5	3	1	8	2	6
5	8	6	4	9	2	7	3	1

54

9	6	8	2	1	7	5	4	3
7	4	2	3	8	5	9	1	6
5	1	3	4	6	9	7	2	8
3	7	9	1	5	2	6	8	4
2	5	1	6	4	8	3	9	7
6	8	4	9	7	3	1	5	2
4	9	5	8	3	6	2	7	1
1	2	6	7	9	4	8	3	5
8	3	7	5	2	1	4	6	9

55

1	9	6	4	3	8	5	7	2
7	3	4	2	5	6	1	9	8
5	8	2	7	1	9	3	4	6
3	1	7	5	2	4	6	8	9
8	4	9	3	6	1	2	5	7
2	6	5	9	8	7	4	1	3
4	2	8	6	9	5	7	3	1
6	5	1	8	7	3	9	2	4
9	7	3	1	4	2	8	6	5

56

9	3	8	2	5	7	1	4	6
7	4	2	9	1	6	5	8	3
6	1	5	3	4	8	2	9	7
3	5	9	6	2	1	8	7	4
8	7	1	4	9	3	6	2	5
2	6	4	8	7	5	9	3	1
5	8	6	7	3	2	4	1	9
4	2	7	1	6	9	3	5	8
1	9	3	5	8	4	7	6	2

57

9	5	4	1	3	2	7	6	8
6	8	7	5	9	4	1	3	2
3	2	1	7	6	8	9	5	4
8	7	3	6	5	1	2	4	9
5	9	2	3	4	7	8	1	6
1	4	6	8	2	9	3	7	5
7	3	9	4	8	5	6	2	1
4	6	8	2	1	3	5	9	7
2	1	5	9	7	6	4	8	3

58

2	1	9	6	8	5	7	3	4
8	7	4	3	2	9	5	6	1
6	5	3	7	4	1	2	9	8
9	3	2	1	5	8	4	7	6
5	6	1	9	7	4	8	2	3
4	8	7	2	3	6	1	5	9
1	4	6	5	9	2	3	8	7
3	9	5	8	1	7	6	4	2
7	2	8	4	6	3	9	1	5

59

7	8	4	3	2	6	1	5	9
6	5	2	9	8	1	4	7	3
9	1	3	7	4	5	8	6	2
1	2	9	6	7	3	5	8	4
5	7	8	4	9	2	3	1	6
4	3	6	1	5	8	9	2	7
2	6	5	8	3	9	7	4	1
3	4	1	5	6	7	2	9	8
8	9	7	2	1	4	6	3	5

60

2	6	3	9	4	1	7	5	8
5	1	7	8	2	6	4	3	9
4	8	9	7	3	5	1	2	6
3	9	2	1	7	8	5	6	4
6	7	5	4	9	2	8	1	3
8	4	1	6	5	3	2	9	7
7	2	4	5	6	9	3	8	1
9	3	8	2	1	7	6	4	5
1	5	6	3	8	4	9	7	2

61

6	1	8	4	9	2	5	7	3
3	9	7	1	5	8	4	6	2
2	4	5	3	7	6	1	8	9
9	2	3	7	1	4	8	5	6
7	8	4	2	6	5	3	9	1
1	5	6	9	8	3	7	2	4
4	7	1	8	2	9	6	3	5
5	3	2	6	4	7	9	1	8
8	6	9	5	3	1	2	4	7

62

9	1	6	5	7	2	4	3	8
5	7	4	3	8	1	6	9	2
3	2	8	6	9	4	7	1	5
8	6	9	4	2	5	1	7	3
4	3	2	1	6	7	8	5	9
7	5	1	8	3	9	2	4	6
1	4	3	2	5	6	9	8	7
2	9	5	7	4	8	3	6	1
6	8	7	9	1	3	5	2	4

63

1	4	5	6	2	9	7	3	8
9	6	7	1	3	8	4	2	5
8	3	2	4	7	5	6	1	9
3	2	9	7	8	4	5	6	1
6	8	1	9	5	2	3	4	7
5	7	4	3	1	6	8	9	2
7	5	6	2	9	3	1	8	4
2	1	3	8	4	7	9	5	6
4	9	8	5	6	1	2	7	3

64

3	8	2	6	4	1	7	9	5
6	7	1	9	5	8	3	2	4
5	9	4	7	2	3	6	1	8
2	4	7	3	8	9	1	5	6
8	3	9	5	1	6	2	4	7
1	6	5	2	7	4	8	3	9
7	2	3	8	9	5	4	6	1
9	1	6	4	3	7	5	8	2
4	5	8	1	6	2	9	7	3

65

7	8	9	1	2	4	3	5	6
4	6	5	7	3	9	1	2	8
2	3	1	8	5	6	4	9	7
1	2	3	9	6	8	5	7	4
5	7	4	2	1	3	8	6	9
8	9	6	4	7	5	2	3	1
6	4	8	5	9	2	7	1	3
3	1	2	6	8	7	9	4	5
9	5	7	3	4	1	6	8	2

66

5	3	1	6	7	4	9	8	2
4	2	6	9	8	1	3	5	7
9	8	7	3	5	2	6	1	4
2	6	5	7	1	3	4	9	8
1	7	8	4	2	9	5	6	3
3	4	9	5	6	8	7	2	1
6	9	2	1	4	7	8	3	5
8	5	4	2	3	6	1	7	9
7	1	3	8	9	5	2	4	6

67

4	5	1	8	9	6	7	2	3
9	2	7	1	3	4	8	5	6
8	3	6	5	7	2	4	9	1
6	8	4	2	1	5	3	7	9
2	7	9	6	8	3	1	4	5
5	1	3	9	4	7	2	6	8
3	6	5	4	2	1	9	8	7
1	4	8	7	5	9	6	3	2
7	9	2	3	6	8	5	1	4

68

3	9	1	8	6	5	2	7	4
7	8	4	3	1	2	5	9	6
2	6	5	7	9	4	3	8	1
1	2	8	6	5	9	4	3	7
4	3	6	1	7	8	9	2	5
5	7	9	2	4	3	6	1	8
6	5	2	9	8	1	7	4	3
8	4	3	5	2	7	1	6	9
9	1	7	4	3	6	8	5	2

69

6	2	5	9	1	4	3	7	8
9	1	7	2	8	3	4	6	5
4	3	8	7	6	5	2	1	9
7	4	9	5	3	6	1	8	2
3	5	2	8	9	1	7	4	6
1	8	6	4	2	7	5	9	3
8	7	3	1	5	9	6	2	4
2	6	1	3	4	8	9	5	7
5	9	4	6	7	2	8	3	1

70

8	1	4	5	7	2	3	9	6
9	3	2	8	6	4	5	1	7
5	7	6	9	1	3	2	8	4
1	2	7	6	5	8	9	4	3
3	4	9	7	2	1	8	6	5
6	5	8	4	3	9	7	2	1
7	6	1	2	8	5	4	3	9
4	8	3	1	9	7	6	5	2
2	9	5	3	4	6	1	7	8

71

2	6	3	8	9	4	7	5	1
8	9	1	7	5	2	4	6	3
5	7	4	3	6	1	2	8	9
3	4	6	5	8	9	1	2	7
9	1	8	6	2	7	3	4	5
7	2	5	4	1	3	8	9	6
1	5	2	9	3	8	6	7	4
6	8	7	1	4	5	9	3	2
4	3	9	2	7	6	5	1	8

72

7	9	4	3	8	5	1	2	6
2	5	8	1	7	6	9	3	4
3	1	6	9	2	4	7	5	8
6	3	9	2	1	8	5	4	7
8	2	7	5	4	9	3	6	1
5	4	1	7	6	3	8	9	2
4	6	5	8	3	7	2	1	9
1	7	3	6	9	2	4	8	5
9	8	2	4	5	1	6	7	3

73

9	6	1	5	3	8	2	4	7
5	3	7	4	9	2	8	6	1
4	8	2	1	6	7	3	9	5
7	1	5	8	2	6	9	3	4
6	2	3	9	5	4	1	7	8
8	4	9	7	1	3	6	5	2
3	7	4	6	8	1	5	2	9
2	9	8	3	4	5	7	1	6
1	5	6	2	7	9	4	8	3

74

2	3	8	5	1	9	4	7	6
5	9	4	6	7	2	3	8	1
7	6	1	3	8	4	9	2	5
6	4	9	1	2	8	5	3	7
3	1	2	7	5	6	8	4	9
8	5	7	9	4	3	6	1	2
9	2	6	8	3	7	1	5	4
4	8	5	2	9	1	7	6	3
1	7	3	4	6	5	2	9	8

75

1	8	9	7	6	4	3	5	2
5	4	3	9	2	1	6	7	8
7	6	2	8	3	5	1	9	4
9	5	4	3	1	7	8	2	6
2	1	7	6	5	8	9	4	3
6	3	8	4	9	2	7	1	5
8	9	5	2	7	3	4	6	1
3	7	1	5	4	6	2	8	9
4	2	6	1	8	9	5	3	7

76

9	5	8	1	2	3	6	7	4
6	2	1	4	7	8	3	5	9
3	4	7	5	6	9	1	8	2
2	6	9	7	8	1	4	3	5
5	7	4	3	9	6	2	1	8
1	8	3	2	4	5	9	6	7
4	3	6	9	5	7	8	2	1
8	9	5	6	1	2	7	4	3
7	1	2	8	3	4	5	9	6

77

7	5	3	9	8	4	1	6	2
6	2	1	3	7	5	4	8	9
8	9	4	6	2	1	7	5	3
4	7	8	5	3	2	9	1	6
9	3	6	1	4	8	2	7	5
2	1	5	7	6	9	3	4	8
1	8	7	2	9	6	5	3	4
5	4	2	8	1	3	6	9	7
3	6	9	4	5	7	8	2	1

78

5	4	2	8	9	1	3	6	7
8	7	3	6	4	5	9	1	2
1	6	9	2	3	7	5	4	8
3	5	8	9	2	6	4	7	1
6	9	4	1	7	8	2	5	3
2	1	7	3	5	4	6	8	9
4	2	6	7	8	3	1	9	5
9	8	1	5	6	2	7	3	4
7	3	5	4	1	9	8	2	6

79

5	7	4	1	9	2	3	8	6
3	2	1	8	5	6	4	7	9
9	6	8	4	3	7	2	1	5
2	9	7	6	1	4	8	5	3
4	8	3	9	2	5	7	6	1
1	5	6	7	8	3	9	4	2
7	3	9	5	4	1	6	2	8
6	1	2	3	7	8	5	9	4
8	4	5	2	6	9	1	3	7

80

5	7	1	3	6	4	9	8	2
2	4	6	9	8	7	5	1	3
3	9	8	1	2	5	7	6	4
1	5	4	2	7	3	6	9	8
9	6	7	4	1	8	2	3	5
8	3	2	6	5	9	1	4	7
4	1	9	7	3	2	8	5	6
6	2	5	8	4	1	3	7	9
7	8	3	5	9	6	4	2	1

81

9	6	5	2	8	7	3	1	4
8	4	2	3	6	1	9	5	7
3	7	1	5	9	4	2	8	6
7	1	9	6	3	2	8	4	5
5	3	6	9	4	8	7	2	1
2	8	4	1	7	5	6	9	3
6	9	8	4	5	3	1	7	2
1	5	7	8	2	6	4	3	9
4	2	3	7	1	9	5	6	8

82

5	6	8	7	1	3	2	4	9
3	4	1	6	9	2	8	7	5
2	7	9	8	5	4	3	6	1
1	9	2	3	4	8	7	5	6
7	8	5	9	6	1	4	2	3
4	3	6	5	2	7	1	9	8
9	2	7	1	8	6	5	3	4
8	5	4	2	3	9	6	1	7
6	1	3	4	7	5	9	8	2

83

3	9	7	6	8	2	1	4	5
2	8	5	3	1	4	7	6	9
6	4	1	9	5	7	8	2	3
9	1	2	7	3	5	6	8	4
5	7	6	4	2	8	9	3	1
4	3	8	1	9	6	2	5	7
7	5	4	2	6	9	3	1	8
1	2	9	8	4	3	5	7	6
8	6	3	5	7	1	4	9	2

84

8	7	2	1	4	5	3	9	6
5	3	1	6	8	9	7	2	4
9	4	6	2	3	7	8	5	1
4	5	3	9	7	1	2	6	8
2	9	7	8	6	3	4	1	5
6	1	8	5	2	4	9	3	7
1	2	4	3	5	8	6	7	9
3	8	9	7	1	6	5	4	2
7	6	5	4	9	2	1	8	3

85

2	6	1	5	3	9	4	7	8
5	9	4	6	8	7	1	2	3
8	3	7	2	1	4	6	5	9
9	2	8	3	4	5	7	1	6
1	4	3	7	9	6	5	8	2
6	7	5	8	2	1	3	9	4
3	5	6	9	7	2	8	4	1
4	8	9	1	5	3	2	6	7
7	1	2	4	6	8	9	3	5

86

4	1	6	3	2	8	9	5	7
9	7	8	5	1	4	3	6	2
2	3	5	9	6	7	4	1	8
5	2	4	6	7	3	1	8	9
6	8	7	2	9	1	5	3	4
1	9	3	8	4	5	7	2	6
7	6	2	1	3	9	8	4	5
8	4	1	7	5	2	6	9	3
3	5	9	4	8	6	2	7	1

87

4	7	9	8	1	6	5	3	2
6	5	3	2	9	4	7	8	1
2	1	8	5	7	3	4	6	9
8	3	5	9	2	7	6	1	4
1	6	7	4	8	5	2	9	3
9	2	4	6	3	1	8	7	5
7	9	2	1	4	8	3	5	6
3	4	6	7	5	9	1	2	8
5	8	1	3	6	2	9	4	7

88

7	1	5	3	9	4	2	6	8
6	8	3	2	1	7	4	5	9
4	9	2	8	5	6	3	1	7
5	4	6	1	2	9	7	8	3
1	2	9	7	8	3	5	4	6
8	3	7	6	4	5	1	9	2
3	7	1	5	6	8	9	2	4
2	6	4	9	7	1	8	3	5
9	5	8	4	3	2	6	7	1

89

2	7	6	9	4	8	5	3	1
9	3	8	1	5	7	2	4	6
1	4	5	3	6	2	8	9	7
7	8	2	4	9	5	1	6	3
4	6	9	8	3	1	7	5	2
5	1	3	2	7	6	4	8	9
3	2	4	7	8	9	6	1	5
6	9	7	5	1	4	3	2	8
8	5	1	6	2	3	9	7	4

90

3	4	6	5	8	9	7	2	1
7	9	2	4	1	3	8	6	5
8	1	5	2	6	7	9	4	3
5	3	8	6	9	2	4	1	7
2	6	4	8	7	1	5	3	9
9	7	1	3	5	4	6	8	2
4	5	7	1	3	8	2	9	6
6	2	3	9	4	5	1	7	8
1	8	9	7	2	6	3	5	4

91

3	7	6	9	5	4	8	2	1
4	5	2	3	1	8	9	6	7
9	8	1	6	7	2	3	4	5
7	9	5	4	2	6	1	3	8
6	3	4	1	8	9	7	5	2
1	2	8	7	3	5	6	9	4
2	4	3	8	9	1	5	7	6
5	1	9	2	6	7	4	8	3
8	6	7	5	4	3	2	1	9

92

1	9	8	5	6	2	4	7	3
2	5	4	7	9	3	6	1	8
7	6	3	8	4	1	2	9	5
8	1	9	2	7	5	3	4	6
4	7	5	9	3	6	8	2	1
3	2	6	4	1	8	9	5	7
6	4	7	1	8	9	5	3	2
5	3	1	6	2	4	7	8	9
9	8	2	3	5	7	1	6	4

93

6	4	5	1	8	3	7	9	2
8	7	2	9	6	5	1	3	4
9	1	3	2	7	4	8	6	5
3	9	6	8	2	7	4	5	1
4	5	8	6	3	1	2	7	9
1	2	7	4	5	9	6	8	3
2	6	1	3	9	8	5	4	7
7	3	4	5	1	6	9	2	8
5	8	9	7	4	2	3	1	6

94

6	2	7	9	5	3	1	8	4
5	3	1	8	4	6	7	9	2
9	8	4	1	7	2	6	5	3
4	6	3	7	9	1	8	2	5
7	5	2	6	3	8	9	4	1
8	1	9	4	2	5	3	7	6
1	7	6	2	8	4	5	3	9
3	4	8	5	6	9	2	1	7
2	9	5	3	1	7	4	6	8

95

2	1	4	6	3	5	9	7	8
6	3	5	7	8	9	4	1	2
7	8	9	2	1	4	5	6	3
1	9	2	8	4	3	6	5	7
4	5	8	1	6	7	2	3	9
3	7	6	9	5	2	1	8	4
5	2	1	3	9	8	7	4	6
8	6	7	4	2	1	3	9	5
9	4	3	5	7	6	8	2	1

96

6	9	4	7	8	2	5	1	3
1	8	5	3	6	9	7	2	4
7	2	3	1	5	4	9	6	8
3	7	8	2	9	6	1	4	5
2	5	6	4	1	7	3	8	9
4	1	9	8	3	5	6	7	2
9	4	2	5	7	1	8	3	6
5	3	7	6	2	8	4	9	1
8	6	1	9	4	3	2	5	7

97

1	9	5	3	7	2	4	8	6
4	2	6	5	8	9	3	1	7
8	3	7	4	6	1	2	5	9
9	6	1	2	5	7	8	3	4
7	5	8	1	3	4	9	6	2
3	4	2	6	9	8	1	7	5
5	7	4	8	2	3	6	9	1
6	1	3	9	4	5	7	2	8
2	8	9	7	1	6	5	4	3

98

9	7	5	1	2	8	4	3	6
1	3	6	4	5	9	8	2	7
4	2	8	3	6	7	9	1	5
6	1	7	9	4	2	3	5	8
8	9	2	5	3	6	1	7	4
5	4	3	8	7	1	6	9	2
3	8	4	7	9	5	2	6	1
7	6	1	2	8	3	5	4	9
2	5	9	6	1	4	7	8	3

99

8	1	2	5	9	3	7	4	6
7	4	3	1	6	8	5	9	2
5	6	9	4	7	2	3	1	8
2	7	1	3	8	9	6	5	4
9	5	6	7	1	4	2	8	3
3	8	4	6	2	5	9	7	1
6	3	8	9	4	7	1	2	5
4	9	5	2	3	1	8	6	7
1	2	7	8	5	6	4	3	9

100

5	3	7	1	6	4	8	9	2
1	2	4	3	8	9	6	7	5
9	8	6	5	2	7	4	1	3
2	9	1	7	4	3	5	8	6
7	5	3	8	1	6	2	4	9
4	6	8	9	5	2	7	3	1
8	7	5	2	9	1	3	6	4
6	1	2	4	3	8	9	5	7
3	4	9	6	7	5	1	2	8

101

3	1	9	7	2	8	5	6	4
7	6	4	5	9	3	2	8	1
2	5	8	6	1	4	9	3	7
9	8	7	3	6	1	4	5	2
5	3	1	2	4	7	8	9	6
6	4	2	8	5	9	1	7	3
4	7	3	1	8	5	6	2	9
8	9	6	4	7	2	3	1	5
1	2	5	9	3	6	7	4	8

102

4	1	6	9	8	2	7	3	5
2	7	9	5	6	3	1	4	8
8	5	3	1	7	4	9	2	6
9	8	5	7	2	6	3	1	4
1	2	4	3	5	9	8	6	7
6	3	7	4	1	8	5	9	2
3	6	2	8	9	5	4	7	1
7	9	8	2	4	1	6	5	3
5	4	1	6	3	7	2	8	9

103

7	4	8	9	2	6	5	3	1
2	5	3	8	7	1	6	9	4
1	9	6	3	4	5	2	8	7
8	7	2	1	9	3	4	6	5
4	3	5	2	6	8	7	1	9
6	1	9	7	5	4	3	2	8
3	6	7	5	8	9	1	4	2
5	8	4	6	1	2	9	7	3
9	2	1	4	3	7	8	5	6

104

3	5	2	4	7	1	9	6	8
7	6	4	8	3	9	5	2	1
1	8	9	2	5	6	7	4	3
2	4	7	9	8	3	1	5	6
9	1	5	6	2	4	3	8	7
6	3	8	7	1	5	4	9	2
5	7	6	1	9	8	2	3	4
8	9	1	3	4	2	6	7	5
4	2	3	5	6	7	8	1	9

105

4	3	8	1	7	2	5	6	9
5	7	2	9	6	4	3	8	1
1	9	6	3	8	5	2	4	7
6	1	4	7	3	8	9	5	2
9	8	5	2	4	1	7	3	6
7	2	3	6	5	9	8	1	4
8	5	9	4	1	7	6	2	3
3	4	7	8	2	6	1	9	5
2	6	1	5	9	3	4	7	8

106

8	9	3	6	2	7	5	4	1
2	6	4	1	5	9	3	7	8
1	5	7	4	3	8	9	2	6
7	1	6	9	8	4	2	5	3
4	8	5	2	6	3	7	1	9
9	3	2	5	7	1	8	6	4
6	2	1	8	9	5	4	3	7
3	4	8	7	1	2	6	9	5
5	7	9	3	4	6	1	8	2

107

3	4	1	5	7	8	9	6	2
5	6	9	4	3	2	7	8	1
2	8	7	1	6	9	5	4	3
1	7	6	8	9	3	2	5	4
8	2	5	6	4	7	3	1	9
4	9	3	2	1	5	6	7	8
9	3	4	7	8	6	1	2	5
7	1	2	3	5	4	8	9	6
6	5	8	9	2	1	4	3	7

108

4	6	8	3	1	5	9	2	7
7	1	9	6	2	8	4	5	3
5	3	2	7	9	4	8	1	6
8	5	3	2	4	1	6	7	9
9	7	6	8	5	3	1	4	2
2	4	1	9	7	6	5	3	8
6	8	4	1	3	7	2	9	5
3	2	5	4	8	9	7	6	1
1	9	7	5	6	2	3	8	4

109

4	1	8	7	2	3	9	5	6
9	7	5	1	8	6	3	4	2
6	2	3	5	4	9	7	1	8
5	9	7	3	6	4	8	2	1
1	6	2	9	5	8	4	7	3
8	3	4	2	7	1	5	6	9
7	5	9	6	3	2	1	8	4
3	8	6	4	1	5	2	9	7
2	4	1	8	9	7	6	3	5

110

5	8	4	7	2	6	3	9	1
7	6	1	3	5	9	4	8	2
9	3	2	1	4	8	5	7	6
2	4	9	8	7	3	1	6	5
6	7	5	4	1	2	9	3	8
8	1	3	9	6	5	2	4	7
1	5	7	6	3	4	8	2	9
3	9	6	2	8	1	7	5	4
4	2	8	5	9	7	6	1	3

111

4	8	3	1	5	2	7	9	6
5	9	6	7	8	4	1	2	3
1	7	2	6	3	9	8	4	5
7	4	5	3	1	6	2	8	9
6	1	8	2	9	5	3	7	4
3	2	9	4	7	8	6	5	1
2	5	4	8	6	1	9	3	7
9	6	7	5	2	3	4	1	8
8	3	1	9	4	7	5	6	2

112

8	5	1	6	2	3	4	9	7
2	7	6	4	9	1	3	5	8
9	4	3	7	8	5	2	6	1
1	6	9	2	7	4	8	3	5
4	3	8	1	5	6	7	2	9
5	2	7	8	3	9	6	1	4
7	9	2	3	1	8	5	4	6
3	1	4	5	6	7	9	8	2
6	8	5	9	4	2	1	7	3

113

1	2	9	5	6	8	3	7	4
5	8	6	7	4	3	1	9	2
4	7	3	9	1	2	8	6	5
2	1	8	6	9	4	5	3	7
3	5	4	2	7	1	9	8	6
6	9	7	8	3	5	2	4	1
9	3	1	4	2	6	7	5	8
7	6	5	1	8	9	4	2	3
8	4	2	3	5	7	6	1	9

114

3	6	7	2	9	4	1	8	5
5	8	2	1	6	3	4	9	7
4	9	1	8	5	7	6	3	2
1	2	4	5	8	9	3	7	6
6	5	3	7	4	1	8	2	9
8	7	9	3	2	6	5	4	1
2	3	6	9	1	8	7	5	4
9	4	8	6	7	5	2	1	3
7	1	5	4	3	2	9	6	8

115

1	2	7	6	4	9	3	8	5
9	5	4	3	1	8	6	7	2
8	6	3	2	5	7	1	4	9
3	9	5	7	8	1	2	6	4
7	8	2	4	3	6	5	9	1
4	1	6	5	9	2	8	3	7
5	4	1	9	6	3	7	2	8
6	7	8	1	2	4	9	5	3
2	3	9	8	7	5	4	1	6

116

1	6	4	2	9	5	3	8	7
7	8	5	3	1	4	2	6	9
3	9	2	8	6	7	1	5	4
6	7	8	9	5	2	4	1	3
4	1	9	7	3	6	8	2	5
2	5	3	1	4	8	9	7	6
8	4	7	6	2	3	5	9	1
5	2	1	4	7	9	6	3	8
9	3	6	5	8	1	7	4	2

117

7	8	5	3	1	6	4	9	2
1	9	2	4	5	7	3	6	8
6	3	4	2	8	9	5	7	1
3	2	8	6	9	5	1	4	7
9	5	1	7	3	4	8	2	6
4	6	7	1	2	8	9	5	3
2	4	3	9	6	1	7	8	5
8	1	9	5	7	2	6	3	4
5	7	6	8	4	3	2	1	9

118

7	5	1	4	6	8	9	3	2
8	3	4	9	5	2	6	1	7
2	6	9	7	3	1	4	5	8
4	1	5	2	9	3	8	7	6
9	7	3	8	1	6	5	2	4
6	8	2	5	4	7	1	9	3
5	4	6	3	2	9	7	8	1
1	2	8	6	7	5	3	4	9
3	9	7	1	8	4	2	6	5

119

8	4	3	2	5	9	7	1	6
5	2	7	6	1	3	8	4	9
6	9	1	8	7	4	3	5	2
2	1	9	7	6	5	4	3	8
7	5	6	4	3	8	9	2	1
4	3	8	9	2	1	5	6	7
1	7	4	3	9	2	6	8	5
9	8	2	5	4	6	1	7	3
3	6	5	1	8	7	2	9	4

120

1	6	3	8	9	4	2	5	7
9	2	5	7	1	3	8	4	6
8	7	4	5	2	6	9	3	1
6	5	9	4	3	8	7	1	2
2	4	8	1	7	5	6	9	3
7	3	1	9	6	2	4	8	5
5	9	2	3	8	7	1	6	4
3	1	6	2	4	9	5	7	8
4	8	7	6	5	1	3	2	9

121

1	8	3	5	9	7	6	2	4
7	2	4	6	1	3	5	8	9
6	5	9	4	8	2	1	3	7
3	6	5	7	2	4	8	9	1
8	1	2	9	6	5	4	7	3
4	9	7	1	3	8	2	6	5
5	4	6	2	7	9	3	1	8
2	7	8	3	5	1	9	4	6
9	3	1	8	4	6	7	5	2

122

6	4	1	8	9	2	7	3	5
3	9	8	7	5	6	1	2	4
5	7	2	3	4	1	8	6	9
7	3	4	6	2	9	5	1	8
1	6	5	4	3	8	9	7	2
2	8	9	1	7	5	6	4	3
4	1	6	9	8	3	2	5	7
8	5	7	2	1	4	3	9	6
9	2	3	5	6	7	4	8	1

123

5	9	2	1	6	7	3	8	4
4	1	7	8	3	9	2	5	6
3	6	8	4	2	5	1	7	9
1	8	3	7	5	6	9	4	2
9	2	6	3	8	4	7	1	5
7	4	5	2	9	1	8	6	3
2	7	1	6	4	3	5	9	8
8	5	4	9	7	2	6	3	1
6	3	9	5	1	8	4	2	7

124

3	6	8	4	2	7	9	5	1
9	1	5	6	8	3	7	4	2
4	7	2	5	1	9	8	6	3
7	3	4	8	6	1	2	9	5
5	9	6	3	7	2	4	1	8
8	2	1	9	4	5	3	7	6
2	4	9	1	3	6	5	8	7
1	5	3	7	9	8	6	2	4
6	8	7	2	5	4	1	3	9

125

2	4	3	8	9	6	7	5	1
8	5	6	1	4	7	9	3	2
9	1	7	5	3	2	4	6	8
7	3	1	9	2	8	6	4	5
5	2	8	7	6	4	3	1	9
4	6	9	3	5	1	2	8	7
1	8	4	6	7	9	5	2	3
3	7	2	4	8	5	1	9	6
6	9	5	2	1	3	8	7	4

126

9	8	7	1	4	6	2	3	5
5	4	2	7	9	3	1	6	8
1	6	3	2	5	8	4	9	7
7	9	4	8	6	5	3	1	2
8	3	5	4	2	1	6	7	9
2	1	6	3	7	9	8	5	4
4	5	8	6	3	7	9	2	1
6	7	1	9	8	2	5	4	3
3	2	9	5	1	4	7	8	6

127

2	3	4	6	1	5	8	7	9
7	9	1	4	3	8	6	5	2
5	6	8	7	9	2	1	3	4
8	2	9	3	6	7	5	4	1
3	4	5	1	2	9	7	6	8
1	7	6	8	5	4	2	9	3
6	8	2	5	4	3	9	1	7
4	1	7	9	8	6	3	2	5
9	5	3	2	7	1	4	8	6

128

1	9	4	5	7	8	2	3	6
5	2	3	6	1	4	7	9	8
6	7	8	3	9	2	1	5	4
2	3	5	9	4	7	6	8	1
8	4	9	1	3	6	5	7	2
7	6	1	2	8	5	3	4	9
4	5	6	7	2	9	8	1	3
3	8	7	4	6	1	9	2	5
9	1	2	8	5	3	4	6	7

Killer Su Doku

129

1	2	5	4	7	9	6	8	3
3	6	7	2	5	8	1	9	4
4	8	9	1	3	6	2	7	5
8	9	2	3	4	1	7	5	6
7	4	6	5	9	2	3	1	8
5	1	3	8	6	7	4	2	9
9	3	4	7	2	5	8	6	1
6	7	8	9	1	3	5	4	2
2	5	1	6	8	4	9	3	7

130

1	4	8	2	6	9	3	5	7
7	9	6	5	3	8	4	1	2
5	3	2	4	1	7	6	8	9
4	6	7	8	9	1	5	2	3
2	8	9	3	4	5	1	7	6
3	1	5	6	7	2	9	4	8
8	5	3	9	2	4	7	6	1
9	2	1	7	5	6	8	3	4
6	7	4	1	8	3	2	9	5

131

7	2	8	3	6	5	4	9	1
1	6	5	8	9	4	7	2	3
4	9	3	2	7	1	6	5	8
6	8	4	9	2	7	1	3	5
3	7	9	1	5	6	2	8	4
5	1	2	4	8	3	9	6	7
8	4	6	7	3	9	5	1	2
2	5	1	6	4	8	3	7	9
9	3	7	5	1	2	8	4	6

132

4	9	5	6	8	2	1	3	7
1	7	8	5	9	3	2	6	4
6	2	3	7	1	4	5	9	8
7	6	4	9	2	8	3	5	1
9	5	1	3	4	7	8	2	6
3	8	2	1	6	5	4	7	9
8	1	6	2	3	9	7	4	5
5	3	9	4	7	1	6	8	2
2	4	7	8	5	6	9	1	3

133

6	7	3	1	4	9	2	5	8
4	1	8	6	5	2	3	9	7
5	9	2	8	3	7	6	4	1
8	2	1	3	9	4	5	7	6
7	5	4	2	8	6	1	3	9
9	3	6	7	1	5	4	8	2
1	8	7	5	6	3	9	2	4
3	6	9	4	2	8	7	1	5
2	4	5	9	7	1	8	6	3

134

4	7	9	8	1	6	5	3	2
8	6	5	2	3	7	4	9	1
3	1	2	9	4	5	8	6	7
6	9	4	7	2	8	1	5	3
2	8	1	4	5	3	6	7	9
7	5	3	6	9	1	2	8	4
5	2	7	3	8	4	9	1	6
1	4	6	5	7	9	3	2	8
9	3	8	1	6	2	7	4	5

135

5	9	6	3	2	8	4	7	1
2	1	7	6	4	5	3	8	9
4	3	8	9	7	1	6	5	2
8	7	2	4	5	9	1	3	6
1	6	3	2	8	7	9	4	5
9	4	5	1	6	3	8	2	7
6	8	9	7	3	2	5	1	4
3	2	1	5	9	4	7	6	8
7	5	4	8	1	6	2	9	3

136

7	9	4	8	3	1	6	5	2
2	3	6	7	9	5	8	4	1
5	1	8	2	4	6	7	3	9
6	4	1	3	7	9	5	2	8
3	8	7	5	2	4	1	9	6
9	2	5	6	1	8	3	7	4
4	7	2	1	8	3	9	6	5
8	6	9	4	5	7	2	1	3
1	5	3	9	6	2	4	8	7

137

9	8	5	1	4	2	3	7	6
2	6	7	3	9	5	1	8	4
1	4	3	8	7	6	9	5	2
8	2	6	9	3	4	7	1	5
5	1	9	7	6	8	2	4	3
7	3	4	2	5	1	8	6	9
4	9	2	5	8	7	6	3	1
3	5	8	6	1	9	4	2	7
6	7	1	4	2	3	5	9	8

138

3	9	2	6	8	4	5	7	1
1	7	6	3	5	9	2	8	4
5	4	8	7	2	1	3	9	6
6	1	9	2	4	5	7	3	8
2	3	4	8	1	7	6	5	9
8	5	7	9	3	6	1	4	2
4	2	1	5	7	8	9	6	3
7	6	3	4	9	2	8	1	5
9	8	5	1	6	3	4	2	7

139

8	9	4	3	5	1	2	6	7
6	2	5	7	8	9	4	1	3
1	7	3	4	2	6	8	9	5
9	8	7	6	3	2	5	4	1
5	6	2	1	9	4	7	3	8
3	4	1	5	7	8	6	2	9
2	1	8	9	6	5	3	7	4
4	3	6	8	1	7	9	5	2
7	5	9	2	4	3	1	8	6

140

1	8	7	2	5	6	4	3	9
5	4	6	8	9	3	1	7	2
3	2	9	4	1	7	5	8	6
4	6	1	5	8	9	3	2	7
2	5	3	7	6	1	9	4	8
7	9	8	3	2	4	6	1	5
9	1	2	6	4	8	7	5	3
8	7	4	9	3	5	2	6	1
6	3	5	1	7	2	8	9	4

141

3	5	4	6	9	8	7	1	2
2	9	8	3	7	1	4	5	6
6	1	7	4	2	5	8	9	3
7	3	5	9	1	6	2	4	8
4	6	1	2	8	3	9	7	5
8	2	9	5	4	7	6	3	1
9	4	6	1	5	2	3	8	7
5	8	2	7	3	9	1	6	4
1	7	3	8	6	4	5	2	9

142

5	2	9	6	8	4	7	3	1
6	7	1	2	3	5	8	9	4
4	8	3	9	7	1	6	5	2
1	6	4	5	9	3	2	7	8
2	9	8	4	1	7	3	6	5
7	3	5	8	2	6	4	1	9
8	4	6	7	5	9	1	2	3
3	5	7	1	4	2	9	8	6
9	1	2	3	6	8	5	4	7

143

3	5	6	1	9	8	7	2	4
4	9	1	2	7	6	8	5	3
2	8	7	5	3	4	1	6	9
6	3	4	8	1	5	9	7	2
9	7	5	3	4	2	6	8	1
1	2	8	9	6	7	3	4	5
7	4	3	6	5	9	2	1	8
5	1	2	7	8	3	4	9	6
8	6	9	4	2	1	5	3	7

144

3	7	4	2	1	5	6	9	8
6	1	9	4	8	7	5	3	2
8	5	2	9	3	6	4	1	7
9	2	6	5	7	3	8	4	1
1	8	7	6	9	4	3	2	5
4	3	5	1	2	8	9	7	6
5	9	8	7	4	2	1	6	3
7	6	1	3	5	9	2	8	4
2	4	3	8	6	1	7	5	9

145

6	8	2	9	5	3	7	4	1
9	3	4	1	7	2	8	5	6
1	5	7	8	6	4	9	2	3
4	2	3	7	8	6	5	1	9
8	7	1	5	4	9	6	3	2
5	9	6	2	3	1	4	8	7
3	6	5	4	2	7	1	9	8
7	4	9	3	1	8	2	6	5
2	1	8	6	9	5	3	7	4

146

5	6	8	2	9	4	7	1	3
1	4	7	8	3	6	9	2	5
2	9	3	1	7	5	6	8	4
8	2	4	5	6	3	1	7	9
7	3	5	9	2	1	4	6	8
6	1	9	7	4	8	3	5	2
9	7	6	3	8	2	5	4	1
3	5	2	4	1	7	8	9	6
4	8	1	6	5	9	2	3	7

147

2	8	5	4	1	6	9	3	7
3	4	6	8	9	7	1	2	5
1	9	7	2	5	3	8	4	6
5	7	8	6	4	2	3	9	1
4	1	3	5	8	9	7	6	2
9	6	2	7	3	1	5	8	4
6	3	4	1	7	8	2	5	9
8	2	1	9	6	5	4	7	3
7	5	9	3	2	4	6	1	8

148

5	4	3	6	7	2	1	9	8
6	1	9	5	8	3	2	7	4
8	7	2	4	1	9	3	5	6
7	3	8	9	2	5	4	6	1
1	2	5	8	6	4	9	3	7
4	9	6	1	3	7	8	2	5
3	8	7	2	4	6	5	1	9
9	6	4	3	5	1	7	8	2
2	5	1	7	9	8	6	4	3

149

4	9	5	6	7	1	2	3	8
7	3	6	4	8	2	1	5	9
2	8	1	9	3	5	7	4	6
6	5	4	3	2	9	8	1	7
3	1	7	8	5	6	9	2	4
9	2	8	7	1	4	5	6	3
5	7	3	2	4	8	6	9	1
8	6	2	1	9	3	4	7	5
1	4	9	5	6	7	3	8	2

150

3	9	5	1	4	7	2	6	8
6	7	1	9	2	8	3	5	4
4	8	2	6	5	3	9	7	1
7	1	4	8	3	6	5	2	9
2	3	9	5	1	4	7	8	6
8	5	6	7	9	2	1	4	3
1	2	7	4	6	9	8	3	5
5	4	3	2	8	1	6	9	7
9	6	8	3	7	5	4	1	2

151

8	5	9	2	4	7	3	1	6
6	2	4	9	3	1	5	7	8
3	1	7	5	8	6	4	9	2
9	7	8	4	5	2	1	6	3
4	6	2	3	1	9	8	5	7
5	3	1	7	6	8	2	4	9
1	9	3	8	7	5	6	2	4
2	4	6	1	9	3	7	8	5
7	8	5	6	2	4	9	3	1

152

6	3	4	8	1	7	2	9	5
5	2	8	3	9	4	1	7	6
7	9	1	5	2	6	4	8	3
3	8	9	2	4	1	5	6	7
4	6	2	9	7	5	3	1	8
1	5	7	6	8	3	9	2	4
2	4	6	7	5	9	8	3	1
8	7	5	1	3	2	6	4	9
9	1	3	4	6	8	7	5	2

153

4	1	8	7	6	3	5	2	9
9	7	2	8	5	4	3	1	6
6	3	5	1	2	9	7	4	8
8	9	1	6	3	5	2	7	4
5	4	7	2	9	1	8	6	3
3	2	6	4	7	8	9	5	1
1	8	3	5	4	2	6	9	7
2	6	4	9	8	7	1	3	5
7	5	9	3	1	6	4	8	2

154

3	5	2	8	1	4	6	9	7
6	9	1	5	7	2	4	8	3
4	8	7	3	6	9	5	2	1
2	7	6	1	4	5	8	3	9
5	1	9	7	3	8	2	6	4
8	4	3	9	2	6	1	7	5
9	6	8	4	5	3	7	1	2
7	3	5	2	8	1	9	4	6
1	2	4	6	9	7	3	5	8

155

4	8	9	7	2	1	5	3	6
7	5	1	6	3	4	9	8	2
6	3	2	9	8	5	1	7	4
1	2	6	3	5	7	8	4	9
8	9	3	4	6	2	7	5	1
5	7	4	8	1	9	6	2	3
2	4	8	1	7	6	3	9	5
3	1	5	2	9	8	4	6	7
9	6	7	5	4	3	2	1	8

156

9	5	8	6	7	2	3	1	4
4	7	6	3	1	9	5	2	8
2	1	3	4	8	5	6	7	9
7	8	9	5	2	6	4	3	1
5	3	1	7	9	4	8	6	2
6	4	2	1	3	8	7	9	5
3	9	4	8	6	1	2	5	7
8	2	7	9	5	3	1	4	6
1	6	5	2	4	7	9	8	3

157

5	1	2	6	7	9	8	3	4
7	6	4	3	8	2	9	5	1
8	3	9	1	4	5	2	7	6
6	2	8	4	9	7	5	1	3
4	7	3	5	1	8	6	9	2
1	9	5	2	6	3	7	4	8
3	5	1	7	2	6	4	8	9
9	4	6	8	5	1	3	2	7
2	8	7	9	3	4	1	6	5

158

3	4	1	9	2	8	5	7	6
2	8	9	5	6	7	3	1	4
6	7	5	4	3	1	9	8	2
9	3	2	6	7	5	8	4	1
4	6	8	2	1	9	7	5	3
1	5	7	3	8	4	2	6	9
7	9	6	1	5	3	4	2	8
5	2	3	8	4	6	1	9	7
8	1	4	7	9	2	6	3	5

159

2	6	8	9	3	5	4	7	1
7	1	3	4	2	6	9	5	8
9	5	4	7	8	1	3	6	2
1	2	9	8	5	3	7	4	6
6	3	7	2	4	9	1	8	5
8	4	5	1	6	7	2	3	9
5	9	6	3	7	2	8	1	4
3	8	1	6	9	4	5	2	7
4	7	2	5	1	8	6	9	3

160

7	2	5	8	1	3	4	6	9
1	8	3	4	6	9	2	5	7
4	6	9	7	5	2	3	1	8
8	5	6	2	7	4	1	9	3
9	1	7	3	8	6	5	2	4
3	4	2	1	9	5	7	8	6
6	3	8	5	4	1	9	7	2
5	9	4	6	2	7	8	3	1
2	7	1	9	3	8	6	4	5

161

5	6	8	3	9	1	2	7	4
4	7	2	6	5	8	1	9	3
1	9	3	2	7	4	8	5	6
3	2	7	5	8	6	4	1	9
9	4	6	1	3	2	7	8	5
8	5	1	7	4	9	6	3	2
2	3	4	9	1	7	5	6	8
6	1	9	8	2	5	3	4	7
7	8	5	4	6	3	9	2	1

162

1	5	8	7	9	2	3	4	6
4	2	7	5	6	3	1	9	8
9	3	6	4	1	8	2	7	5
2	9	3	6	8	1	7	5	4
5	6	4	3	7	9	8	2	1
7	8	1	2	5	4	9	6	3
3	1	5	9	4	7	6	8	2
8	4	9	1	2	6	5	3	7
6	7	2	8	3	5	4	1	9

163

7	9	2	1	4	3	6	8	5
6	1	5	8	7	9	3	2	4
8	4	3	6	2	5	1	9	7
9	6	7	4	5	8	2	3	1
2	5	4	3	9	1	8	7	6
1	3	8	7	6	2	4	5	9
5	2	1	9	3	6	7	4	8
3	7	6	5	8	4	9	1	2
4	8	9	2	1	7	5	6	3

164

1	8	5	7	9	3	6	2	4
2	4	6	1	5	8	3	9	7
3	9	7	6	2	4	8	5	1
8	5	1	3	7	2	4	6	9
9	6	3	4	1	5	2	7	8
4	7	2	9	8	6	5	1	3
5	2	9	8	4	7	1	3	6
7	3	4	5	6	1	9	8	2
6	1	8	2	3	9	7	4	5

165

7	3	8	9	5	2	6	1	4
9	6	2	4	1	3	5	7	8
1	5	4	8	7	6	3	2	9
4	2	3	5	9	7	1	8	6
8	9	7	6	3	1	4	5	2
6	1	5	2	8	4	7	9	3
3	4	9	1	2	5	8	6	7
5	8	6	7	4	9	2	3	1
2	7	1	3	6	8	9	4	5

166

6	7	3	1	5	4	2	9	8
9	1	4	2	8	6	5	7	3
5	2	8	3	9	7	4	1	6
7	5	1	4	3	9	6	8	2
2	4	6	8	7	1	3	5	9
3	8	9	6	2	5	7	4	1
1	9	5	7	6	2	8	3	4
8	6	7	9	4	3	1	2	5
4	3	2	5	1	8	9	6	7

167

2	7	8	6	1	5	4	9	3
1	3	9	8	4	7	6	5	2
5	4	6	2	3	9	8	7	1
6	8	4	5	7	2	1	3	9
9	2	1	3	8	4	7	6	5
7	5	3	9	6	1	2	4	8
3	6	5	4	2	8	9	1	7
4	1	2	7	9	3	5	8	6
8	9	7	1	5	6	3	2	4

168

1	5	2	7	3	9	8	6	4
6	3	4	1	8	5	7	9	2
8	9	7	4	6	2	3	5	1
5	8	6	2	7	1	9	4	3
7	4	9	8	5	3	1	2	6
3	2	1	6	9	4	5	7	8
9	6	5	3	2	8	4	1	7
2	1	3	5	4	7	6	8	9
4	7	8	9	1	6	2	3	5

169

6	8	7	3	9	2	5	1	4
5	3	2	7	1	4	8	9	6
4	1	9	8	5	6	3	7	2
2	5	1	9	7	8	6	4	3
8	4	3	6	2	1	7	5	9
9	7	6	4	3	5	2	8	1
7	9	5	1	6	3	4	2	8
1	6	8	2	4	7	9	3	5
3	2	4	5	8	9	1	6	7

170

8	5	1	9	7	2	3	6	4
7	4	2	8	3	6	9	5	1
3	9	6	1	4	5	2	7	8
6	8	9	5	2	3	4	1	7
5	7	3	4	6	1	8	2	9
1	2	4	7	8	9	5	3	6
2	3	8	6	1	4	7	9	5
4	6	5	2	9	7	1	8	3
9	1	7	3	5	8	6	4	2

171

9	2	6	5	3	7	1	4	8
7	8	3	2	1	4	5	9	6
5	1	4	9	8	6	3	7	2
8	5	1	6	7	2	9	3	4
3	4	7	8	9	5	6	2	1
6	9	2	1	4	3	8	5	7
4	6	5	3	2	8	7	1	9
1	7	8	4	5	9	2	6	3
2	3	9	7	6	1	4	8	5

172

3	9	6	4	8	7	2	5	1
2	4	1	3	6	5	9	8	7
8	5	7	1	9	2	3	6	4
6	7	8	2	3	9	4	1	5
9	1	3	5	4	8	7	2	6
5	2	4	7	1	6	8	9	3
4	8	9	6	5	3	1	7	2
1	6	2	9	7	4	5	3	8
7	3	5	8	2	1	6	4	9

173

6	3	9	1	4	8	2	7	5
7	4	5	3	6	2	9	8	1
1	2	8	5	9	7	4	6	3
9	8	1	6	2	5	7	3	4
4	6	2	7	3	9	1	5	8
5	7	3	8	1	4	6	2	9
3	9	7	4	5	6	8	1	2
2	5	6	9	8	1	3	4	7
8	1	4	2	7	3	5	9	6

174

4	2	8	3	7	9	1	5	6
1	6	5	4	2	8	7	9	3
3	9	7	6	1	5	4	2	8
6	8	1	5	3	2	9	4	7
7	5	2	9	6	4	3	8	1
9	4	3	1	8	7	5	6	2
5	1	6	2	4	3	8	7	9
2	7	4	8	9	1	6	3	5
8	3	9	7	5	6	2	1	4

175

5	9	3	2	1	7	8	6	4
1	2	7	6	4	8	9	3	5
8	6	4	9	3	5	7	2	1
9	4	8	7	5	2	3	1	6
7	1	5	4	6	3	2	9	8
6	3	2	8	9	1	4	5	7
2	8	1	3	7	6	5	4	9
3	5	9	1	8	4	6	7	2
4	7	6	5	2	9	1	8	3

176

7	5	9	2	3	1	4	8	6
6	8	3	7	4	9	5	1	2
4	1	2	6	5	8	7	9	3
5	2	1	3	8	4	9	6	7
3	7	4	9	6	5	8	2	1
8	9	6	1	7	2	3	4	5
2	3	7	4	9	6	1	5	8
1	4	5	8	2	7	6	3	9
9	6	8	5	1	3	2	7	4

177

6	8	4	7	3	5	9	2	1
7	5	9	1	6	2	8	3	4
3	2	1	8	9	4	7	6	5
5	6	8	3	4	1	2	7	9
1	7	2	6	8	9	5	4	3
9	4	3	5	2	7	6	1	8
2	3	7	4	5	8	1	9	6
8	1	6	9	7	3	4	5	2
4	9	5	2	1	6	3	8	7

178

3	5	1	2	9	7	4	8	6
7	8	4	1	5	6	2	9	3
9	2	6	8	4	3	7	5	1
8	9	3	4	1	5	6	7	2
1	7	5	3	6	2	9	4	8
6	4	2	7	8	9	1	3	5
2	6	7	5	3	4	8	1	9
4	3	8	9	2	1	5	6	7
5	1	9	6	7	8	3	2	4

179

7	5	6	9	3	8	4	1	2
8	3	4	2	1	6	7	9	5
1	2	9	5	7	4	6	3	8
9	4	5	3	8	1	2	7	6
3	7	8	6	2	9	1	5	4
6	1	2	4	5	7	3	8	9
5	6	1	7	9	2	8	4	3
4	8	3	1	6	5	9	2	7
2	9	7	8	4	3	5	6	1

180

5	3	1	2	9	6	4	8	7
7	9	4	8	5	3	2	6	1
8	6	2	4	7	1	3	9	5
1	4	6	5	2	7	8	3	9
2	7	8	6	3	9	1	5	4
3	5	9	1	8	4	6	7	2
9	8	7	3	1	2	5	4	6
4	2	5	9	6	8	7	1	3
6	1	3	7	4	5	9	2	8

181

4	5	2	3	1	6	7	9	8
7	8	3	5	2	9	4	1	6
1	6	9	7	4	8	3	2	5
5	7	8	9	6	4	1	3	2
2	9	4	8	3	1	5	6	7
6	3	1	2	7	5	8	4	9
8	1	6	4	5	2	9	7	3
9	4	7	6	8	3	2	5	1
3	2	5	1	9	7	6	8	4

182

5	9	8	4	3	2	7	6	1
2	4	6	8	1	7	3	5	9
1	3	7	9	6	5	2	8	4
3	5	4	7	8	1	9	2	6
8	1	2	6	5	9	4	7	3
7	6	9	2	4	3	8	1	5
9	7	5	1	2	4	6	3	8
4	8	1	3	7	6	5	9	2
6	2	3	5	9	8	1	4	7

183

3	9	1	4	2	8	5	6	7
4	6	7	3	5	1	8	2	9
2	8	5	9	6	7	4	1	3
9	3	2	8	1	6	7	4	5
7	4	6	2	9	5	3	8	1
5	1	8	7	4	3	2	9	6
1	7	9	5	8	2	6	3	4
6	2	3	1	7	4	9	5	8
8	5	4	6	3	9	1	7	2

184

5	6	4	3	8	2	9	7	1
2	9	1	5	7	4	3	8	6
8	3	7	9	6	1	4	5	2
9	4	5	7	1	3	6	2	8
1	2	6	8	4	5	7	3	9
3	7	8	2	9	6	1	4	5
4	8	9	6	5	7	2	1	3
6	1	2	4	3	8	5	9	7
7	5	3	1	2	9	8	6	4

185

8	5	6	9	4	1	2	3	7
9	3	2	6	7	8	4	1	5
7	4	1	5	3	2	9	6	8
4	9	5	2	6	3	8	7	1
6	2	7	1	8	5	3	9	4
1	8	3	7	9	4	6	5	2
2	7	8	3	5	9	1	4	6
3	6	4	8	1	7	5	2	9
5	1	9	4	2	6	7	8	3

186

7	2	9	8	4	3	5	6	1
3	5	4	1	9	6	8	7	2
1	6	8	5	7	2	4	3	9
6	7	3	9	1	5	2	4	8
4	1	2	3	8	7	9	5	6
9	8	5	2	6	4	7	1	3
2	9	7	4	3	1	6	8	5
8	3	6	7	5	9	1	2	4
5	4	1	6	2	8	3	9	7

187

7	3	1	8	6	5	4	9	2
4	5	9	2	7	3	8	6	1
8	2	6	1	4	9	5	3	7
9	7	2	4	8	6	3	1	5
3	1	8	7	5	2	6	4	9
6	4	5	3	9	1	7	2	8
5	9	3	6	1	8	2	7	4
2	8	4	9	3	7	1	5	6
1	6	7	5	2	4	9	8	3

188

2	7	6	5	3	9	1	8	4
9	3	4	7	1	8	2	6	5
5	8	1	4	2	6	9	3	7
7	1	9	6	8	3	4	5	2
4	6	8	2	5	7	3	1	9
3	5	2	9	4	1	6	7	8
1	2	3	8	9	5	7	4	6
8	9	7	1	6	4	5	2	3
6	4	5	3	7	2	8	9	1

189

2	9	7	5	3	4	6	1	8
8	1	6	2	9	7	3	4	5
4	5	3	1	6	8	9	2	7
7	6	5	9	2	1	4	8	3
3	4	8	6	7	5	1	9	2
9	2	1	4	8	3	7	5	6
1	7	4	8	5	6	2	3	9
5	3	2	7	1	9	8	6	4
6	8	9	3	4	2	5	7	1

190

9	1	2	7	6	4	3	8	5
5	4	8	9	1	3	2	7	6
7	6	3	5	8	2	4	1	9
4	8	5	6	3	7	9	2	1
3	9	7	2	5	1	8	6	4
1	2	6	4	9	8	5	3	7
6	3	4	1	2	5	7	9	8
8	5	9	3	7	6	1	4	2
2	7	1	8	4	9	6	5	3

191

7	8	9	4	6	5	3	2	1
4	3	2	1	9	8	7	5	6
1	5	6	3	2	7	4	9	8
2	6	3	7	4	9	1	8	5
8	4	7	2	5	1	9	6	3
5	9	1	8	3	6	2	7	4
3	2	8	6	7	4	5	1	9
9	1	4	5	8	2	6	3	7
6	7	5	9	1	3	8	4	2

192

5	9	4	7	8	1	6	3	2
8	7	3	6	4	2	1	9	5
6	1	2	3	5	9	7	4	8
3	4	8	2	6	7	5	1	9
7	6	1	5	9	4	2	8	3
2	5	9	8	1	3	4	6	7
1	8	6	9	2	5	3	7	4
9	3	5	4	7	6	8	2	1
4	2	7	1	3	8	9	5	6

193

9	1	2	3	4	7	8	5	6
8	7	3	9	5	6	1	4	2
4	6	5	8	1	2	3	9	7
1	8	6	7	9	3	5	2	4
5	4	7	1	2	8	6	3	9
2	3	9	5	6	4	7	8	1
7	2	1	4	8	5	9	6	3
6	9	8	2	3	1	4	7	5
3	5	4	6	7	9	2	1	8

194

7	4	8	5	2	9	1	6	3
9	3	1	7	6	8	2	4	5
6	2	5	3	1	4	8	9	7
8	9	6	2	3	1	5	7	4
2	7	4	6	8	5	3	1	9
1	5	3	9	4	7	6	8	2
4	8	9	1	5	3	7	2	6
3	1	2	4	7	6	9	5	8
5	6	7	8	9	2	4	3	1

195

1	4	7	3	8	6	9	2	5
3	9	2	4	1	5	8	7	6
8	6	5	7	2	9	1	3	4
5	2	3	1	7	8	6	4	9
6	7	4	9	5	3	2	8	1
9	8	1	6	4	2	7	5	3
7	5	9	2	3	1	4	6	8
2	3	6	8	9	4	5	1	7
4	1	8	5	6	7	3	9	2

196

2	7	9	8	6	1	5	4	3
8	4	6	5	2	3	1	7	9
1	3	5	7	4	9	8	2	6
7	6	8	2	9	4	3	1	5
4	5	1	3	8	6	7	9	2
9	2	3	1	5	7	4	6	8
6	1	4	9	3	5	2	8	7
5	9	2	4	7	8	6	3	1
3	8	7	6	1	2	9	5	4

197

1	6	7	4	3	9	2	5	8
3	2	9	6	5	8	1	7	4
8	4	5	2	7	1	9	6	3
2	1	8	7	9	5	4	3	6
7	5	4	3	6	2	8	9	1
6	9	3	1	8	4	5	2	7
9	3	1	5	4	6	7	8	2
5	7	2	8	1	3	6	4	9
4	8	6	9	2	7	3	1	5

198

9	6	2	4	7	8	5	1	3
1	7	5	9	3	6	8	2	4
3	8	4	5	1	2	6	7	9
8	1	6	2	9	3	7	4	5
2	5	3	7	4	1	9	8	6
4	9	7	8	6	5	1	3	2
6	4	1	3	8	9	2	5	7
5	3	8	6	2	7	4	9	1
7	2	9	1	5	4	3	6	8

199

6	5	7	8	1	2	3	4	9
8	2	9	4	5	3	6	7	1
3	4	1	9	7	6	2	8	5
7	6	8	5	4	9	1	2	3
2	1	3	7	6	8	5	9	4
5	9	4	2	3	1	8	6	7
1	7	2	3	8	4	9	5	6
9	3	5	6	2	7	4	1	8
4	8	6	1	9	5	7	3	2

200

4	7	8	5	9	6	1	2	3
1	3	9	8	4	2	5	7	6
6	2	5	7	1	3	4	8	9
2	9	4	6	5	8	3	1	7
8	1	7	2	3	9	6	5	4
5	6	3	1	7	4	8	9	2
3	4	1	9	2	5	7	6	8
9	5	6	3	8	7	2	4	1
7	8	2	4	6	1	9	3	5